Buch

Schon oft hat man das baldige Ende der Physik vorhergesagt, da schon alles bekannt sei. Auch heute sprechen namhafte Physiker von der ‚Theorie von allem', aus der dann alle Naturgesetze abgeleitet und alle Phänomene erklärt werden könnten. Doch Vieles, was heute der Allgemeinheit als ‚wissenschaftlich' vorgestellt wird, ist nichts anderes als Spekulation und entzieht sich einer experimentellen Überprüfung. Dies gilt sowohl für die Teilchenphysik als auch für die Kosmologie. Dabei aber hat man andere Naturgesetze, die unsere konkrete Umwelt bestimmen, ausser Acht gelassen. Viele Ordnungsphänomene entstehen nur durch das Zusammenwirken einer Vielzahl von Elementen. Dies ist die emergente Sicht der Physik, die im zweiten Teil des Buches beschrieben wird. Komplexe Vorgänge in der Natur sind noch wenig erforscht, und die Frage nach der Entstehung des Lebens bleibt unbeantwortet. Unser Wissen über die Natur steckt über weite Strecken immer noch in der nullten Näherung. **‚Das Suchen nach Ordnung ist der Anfang der Wissenschaft'**, so lautet deshalb das Motto zu diesem Buch, und das Suchen und die Wissenschaft ist noch lange nicht am Ende.

Autor

Otto Sager; Dr. sc. nat., geboren 1938 in Zürich, humanistisches Gymnasium in Einsiedeln, Studium der Physik an der ETH-Zürich. Tätigkeit als wissenschaftlicher Mitarbeiter am Institut für Hochfrequenztechnik der ETH, später Ingenieur-Physiker in der Industrie. Weiterbildung in Betriebswirtschaft (Stanford University, USA). Leiter der Stabsabteilung Planung und Organisation in einem schweizerischen Industriekonzern. Seit 1992 selbstständig als Unternehmensberater und in der Management-Ausbildung tätig. Lebt heute in Zollikerberg bei Zürich im Ruhestand.

Otto Sager

Physik in nullter Näherung

Wissen – Vermutung – Spekulation

Bibliografische Information der Deutschen Nationalbibliothek:
Die Deutsche Nationalbibliothek verzeichnet diese Publikation in der Deutschen Nationalbibliografie; detaillierte bibliografische Daten sind im Internet über http://dnb.dnb.de abrufbar.

© 2014 Otto Sager, CH-8125 Zollikerberg
Herstellung und Verlag: BoD - Books on Demand, Norderstedt

ISBN-13: 978-3-7357-9169-6

Inhalt

Vorwort ... 9

Teil I Glaubenssätze und reduktionistische Sicht der Physik ... 13

1 Die zentrale Bedeutung der Messapparatur ... 14
Ingenieur-Physiker – Beispiele wichtiger Leistungen – Die zentrale Bedeutung der Messapparatur – Homo faber

2 WARUM und WIE? ... 21
Die Emanzipation der Physik – Glaubenssätze in den verschiedenen Welten – Die grossen Erhaltungssätze – Komplexe Systeme

3 Griechische und babylonische Mathematik ... 30
Griechische Mathematik – Der Seeweg nach Indien – Mathematische Physiker

4 Fundamentale Naturkonstanten ... 35
Zwei fundamentale Gesetze – Fundamentale Konstanten – Masseinheiten und Eichnormale – Wie konstant sind die Naturkonstanten?

5 Das Standardmodell der Elementarteilchen und Schrödingers Kätzchen ... 44
Morphologie – Der Weg zum Standardmodell – Die Geschichte von Schrödingers Kätzchen – Die grossen Beschleuniger – Die grosse vereinheitlichte Theorie

6 Die unverstandene Dunkle Energie ... 61
Der Nobelpreis für Physik 2011 – Die Urknall–Hypothese – Plausibilitäten – A star is born?! – Alternative Szenarien

7 Das Neutrino als Spielverderber ... 73
Natürliche Radioaktivität – Die Crux mit den Erhaltungssätzen – Speedy Gonzales – Alternative Modelle – Konstruierte Wirklichkeit

8 Der Weg der Physik 85
Vom Mythos zum Logos – Vermeidung von Störeffekten – Der Sieg der Mechanik – Quantenfeldtheorie – Der klassische Grenzfall – Weltmodelle – Logos oder Mythos?

Teil II Die Suche nach Ordnung in emergenten Systemen 99

9 Kausalität und Lokalität 100
Paradoxie des Haufens – Lokalisierung makroskopischer Gegenstände – Experiment und Kausalität – Quanteneffekte in der Newton-Welt – Emergenz und Wechselwirkungen

10 Laughlins Neuerfindung der Physik 110
Auswirkungen von Erfindungen – Das Zeitalter der Emergenz – Neuinterpretation der Newton-Welt – Ostwald-Boltzmann-Newton-Laughlin – Metallische Leitfähigkeit – Von der Newton- zur Einstein-Welt – Der Hochmut der Physiker

11 Physik der Nichtgleichgewichte 122
Abgeschlossene und offene Systeme – Deterministisches Chaos – Komplexe Systeme

12 Komplexe Phänomene 128
Was heisst hier ‚komplex'?– Zurück zum Sandhaufen – Phasenübergänge – Tierpopulationen – Reaktions-Diffusions-Systeme – Komplexe Quantensysteme

13 Wie entsteht Komplexität? 135
Mathematische Modelle – Potenzgesetze und Fraktale – Logistische Gleichung und Apfelmännchen – Zelluläre Automaten – Das Spiel des Lebens – Zurück zur Natur – Die vierte Dimension des Lebens: Fraktale Struktur von Organismen

14 Vom Wert des Sammelns 142
Kosmologie – Chemie – Biologie – Pharmazie – Voraussetzungen für den wissenschaftlichen Fortschritt – Schönheit der Natur

15	Was weiss man von der Realität? Was ist Physik? – Der wissenschaftliche Realismus – Modellabhängiger Realismus – Naturgesetze und Wirklichkeit – Information und Wirklichkeit	151
16	Raum und Zeit – Raumzeit Wie viele Dimensionen hat unsere Welt? – Newton und Leibniz – Spezielle Relativitätstheorie – Allgemeine Relativitätstheorie in nullter Näherung – Zurück ins Raumland	164
17	Das menschliche Hirn als emergentes System Die Newton-Goethe-Debatte – Wie ist es, ein Flughund zu sein? – Hirnforschung und Philosophie – Wie wirklich ist die Wirklichkeit? – Ordnung und Sinn	180
	Epilog Wissen – Vermutung – Spekulation – Initium sapientiae timor Domini	189

Anhang   196

Fundamentale Konstanten   197

Masseinheiten   199

Glossar/Stichwortverzeichnis   200

Personenverzeichnis   212

Literaturverzeichnis   215

Die nullte Näherung

Wenn einer, der mit Mühe kaum
Gekrochen ist auf einen Baum,
Schon meint, dass er ein Vogel wär,
So irrt sich der.

(Wilhelm Busch)

Vorwort

Ist Physik eine exakte Wissenschaft, eine Wissenschaft, die ohne Glaubenssätze auskommt? – Sind die Aussagen der Physik objektiv? – Können die Erkenntnisse der Naturwissenschaften von unabhängigen Experten überprüft werden? – Glaubenssätze oder Dogmen gibt es in der Religion, wie das Beispiel in der römisch-katholischen Kirche zeigt. Wer nicht an sie glaubt, begeht eine schwere Sünde, und wer sie öffentlich in Zweifel zieht, der wird exkommuniziert. Physiker wie Galilei haben erkannt, dass einige Glaubenssätze nicht mit objektiven Beobachtungen übereinstimmten, und Galilei musste seine Aussagen widerrufen.

Nun gibt es nicht nur keine Religion, sondern auch keine Wissenschaft, die ohne Glaubenssätze – man könnte auch ‚Paradigmen' sagen – auskommt. So geht zum Beispiel die Betriebswissenschaftslehre vom Homo oeconmicus aus, von einem Menschen, der immer rational handelt und seinen Gewinn optimieren will. Physiker sind auch nur Menschen und die meisten von ihnen verhalten sich wie der Homo oeconomicus. Mit möglichst geringem Aufwand müssen möglichst viele Publikationen produziert werden, damit der Gewinn für die Karriere optimiert wird. Dabei muss darauf geachtet werden, dass die Geldgeber bei Laune gehalten werden können und das Geschäft mit der Physik immer weiter geht. Vielleicht darf man bei der Beurteilung dieser kommerziell betriebenen Art der Physik nicht so hart sein, wie der berühmte und wegen seiner streitsüchtigen Art gefürchtete Astronom und Morphologe Fritz Zwicky [44]. Er geht mit diesen Physikern scharf ins Gericht und überzieht sie mit Spott und Hohn.

Wie neuere Forschungen (zum Beispiel die Spieltheorie) zeigen, verhalten sich Menschen aber nicht immer rational, und es scheint, dass die Volks- und Betriebswirtschaftslehre langsam ihr altes Paradigma infrage stellt. Und die grossen Physiker, seien es Bohr, Einstein oder Feynman, haben sich auch nicht gewinnorientiert verhalten. Sie hatten durchaus einen spielerischen Zugang zu den Fragen der Physik; Wolfgang Rössler [30] vergleicht sie deshalb mit der

Figur von Peter Pan, der nicht erwachsen werden wollte. Solche Physiker haben Glaubenssätze umgestossen, haben aber selbst neue Glaubenssätze aufgestellt.

Im weiten Gebiet der heutigen Physik gibt es drei Gruppen von Physikern, die ihrer Profession in unterschiedlicher Weise nachgehen. Eine erste Gruppe – dazu gehören die mathematischen Physiker und die Teilchenphysiker – geht davon aus, dass bald die Weltformel und eine Theorie von allem gefunden werden, womit dann das Ende der Physik als Wissenschaft erreicht wäre [14]. Eine zweite Gruppe – dazu gehören die Forscher, die auf dem Gebiet der Nanotechnologie oder auf dem Gebiet der komplexen Systeme arbeiten – versucht Phänomene zu erklären, wobei noch kein einheitliches Paradigma sie bei ihrer Arbeit anleitet. Eine dritte Gruppe – zu ihr gehören die Physiker, die neue Messinstrumente entwickeln, Experimentalphysiker an traditionellen Physikinstituten, aber auch die Lehrer, die Physik an junge Menschen vermitteln – geht von den klassischen Paradigmen und Axiomen der Physik aus, auf die sie sich verlassen können. Alle diese Gruppen haben ihre eigenen, unterschiedlichen Denkmuster, die sie in ihrem Handeln anleiten.

Paradigmen – wie T.S. Kuhn [20] sagt – haben in der Naturwissenschaft die gleiche Tendenz wie die Denkmuster in der Theologie und der Philosophie und sie führen zu ähnlichen Verhaltensweisen. Das Paradigma leitet die Fachleute oder Wissenschaftler an, welche noch ungelösten Probleme mit welchen Methoden gelöst werden sollen, damit sie im Einklang mit dem Paradigma oder dem vorherrschenden Denkmuster stehen. Dabei darf das vorhandene Weltbild nicht infrage gestellt werden. Der Wert des Paradigmas liegt nicht so sehr in der Prognose; er liegt darin, dass die zu lösenden Probleme, die zu lösenden Rätsel, eingeschränkt werden und dass sich Regeln herausbilden, mit denen die Rätsel erfolgreicher gelöst werden können als mit anderen, konkurrierenden Methoden. Nebst Kuhn hat auch Popper Wesentliches zur wissenschaftlichen Forschung in der Physik ausgesagt. Danach sollen die Theoretiker Hypothesen entwickeln, die dann in Experimenten entweder verifiziert oder falsifiziert werden können [33]. Solange sie verifiziert sind, ist die These wertvoll; man ist aber nie sicher, ob sie eines Tages falsifiziert wird. Eine wissenschaftliche Theorie stellt demnach eine Vermutung dar, die zwar sinnvoll und nützlich sein kann. Wir wissen aber letztlich nicht, ob sie die volle Wahrheit enthält. Wenn man zusätzlich mathematische Modelle und eine Theorie von allem aufstellt, die in keiner Weise experimentell überprüft werden können, dann gerät man ins Gebiet der Spekulation. Daher der Untertitel: Wissen – Vermutung – Spekulation. Wenn man die vielen Thesen und Annahmen, die uns in den populärwissenschaftliche Bücher schmackhaft gemacht werden, kritisch betrachtet, so muss man sagen, dass sich die Physik in vielen Fällen erst in der nullten Näherung befindet. Die Aussage ‚nullte Näherung' beinhaltet zwar eine mathematische und physikalische Aussage, die später im Buch näher erläutert werden soll. Umgangssprachlich bedeutet ‚nullte Näherung' eher, man hat noch nicht alle Konsequenzen bedacht, oder man hat zwar eine Ahnung, weiss es aber nicht so genau. Auf solche Punkte will ich im ersten Teil dieses Buches hinweisen, wobei meine Aussagen ebenfalls in die Kategorie der nullten Näherung gehören.

Im zweiten Teil gehe ich der Frage nach ‚Wie entsteht Komplexität?' Das sich weit öffnende Forschungsgebiet der emergenten Systeme – auch hier befindet man sich in der nullten Näherung – ist für das menschliche Zusammenleben viel wichtiger als die Spekulationen über den Urknall und die erste Zeit des Universums. Man hat zwar die DNA entschlüsselt, trotzdem wissen wir nicht, wie Leben entstanden ist. Obwohl man durch die Hirnforschung viele Kenntnisse erlangt hat, wissen wir nicht, ob unser Hirn zu einer objektiven Erkenntnis der Umwelt fähig ist. Selbst mit allen Messinstrumenten können nur Ausschnitte aus der Realität wahrgenommen werden. Um die verwirrenden, komplexen Eindrücke, die von der Umwelt auf das Gehirn einwirken, sortieren und verarbeiten zu können, sucht der Mensch nach Ordnungssystemen und nach dem Sinn unserer Existenz. Aus dem Suchen nach Sinn sind Religionen und Philosophien entstanden; aus dem Suchen nach Ordnung entstanden die Wissenschaften.

Ich habe ein erstes Buch unter dem Titel ‚Werkzeuge und Denkzeuge' verfasst [31]. Darin wollte ich aufzeigen, dass sich die Wissenschaft immer in einem kulturellen und gesellschaftlichen Kontext entwickelt [34]. Viele neue Erkenntnisse konnten erst gewonnen werden, nachdem handwerkliche und technische Entwicklungen soweit waren, dass neue Mess- und Beobachtungsinstrumente gebaut werden konnten. Zwangsläufig ergaben sich auch einige erkenntnistheoretische Fragen, auf die ich hingewiesen habe. Ich habe dieses Buch meinen Freunden und Bekannten geschenkt und einige Exemplare an Fachleute und Professoren geschickt. Aus den Reaktionen habe ich bemerkt, dass zwar der Aspekt ‚Wissenschaftlicher Fortschritt aufgrund handwerklicher und technischer Entwicklungen' als interessant zur Kenntnis genommen wurde, dass aber jene Elemente im Buch, die an die Erkenntnistheorie grenzen, meine Freunde mehr beschäftigten. Daraus habe ich die Anregung zu diesem Buch – eigentlich ein Nachfolger – genommen.

Beim Schreiben habe ich mir vorgestellt, dass ich Kollegen mit den unterschiedlichsten beruflichen Erfahrungen eine lockere Einführung in ein Thema aus der Physik geben müsste, welches dann aus den verschiedenen Blickwinkeln der Teilnehmer diskutiert werden würde. Das Buch ist deshalb kein wissenschaftliches Buch und schon gar nicht ein Lehrbuch. Die einzelnen Kapitel sind unabhängig voneinander und sie sollten nach meiner Vorstellung Ausgangspunkt für eine Causerie sein. Um die Diskussion anzuregen, habe ich nebst einigen bissigen oder ironischen Seitenhieben auch einige Geschichten und humoristische Bemerkungen eingeflochten, wie zum Beispiel die Geschichte von Schrödingers Kätzchen. Da diese Diskussionen aber in der Realität nie stattgefunden hat, hoffe ich, dass dafür die Leserinnen und Leser sich ihre eigenen Gedanken, Ergänzungen machen, Gegenpositionen beziehen und ihre Kritik anbringen. Vor allem aber sollen sie viel Vergnügen beim Lesen haben.

Zollikerberg, im März 2014   Otto Sager
                                    (osager@hispeed.ch)

Teil I: Glaubenssätze und reduktionistische Sicht der Physik

1

Die zentrale Bedeutung der Messapparatur

„Sag' mir, wo die Blumen sind! – Wo sind sie geblieben?"
(Pete Seeger/Marlene Dietrich)

Als ich im Wintersemester 1959 mein Physikstudium an der ETH begann, da hatten sich über 100 Studenten an der Abteilung für Mathematik und Physik frisch eingeschrieben. Physik war nicht nur wegen der Kultfigur Einstein in Mode. 1945 hatten Shockley, Bardeen und Brattain den ersten funktionierenden Bipolar-Transistor entwickelt und Raumfahrt, Kernphysik, Reaktortechnik waren attraktive Arbeitsfelder. Als dann in Zürich die Uraufführung von Friedrich Dürrenmatts ‚Physiker' stattfand [4], erlebte die Euphorie für die Physik ihren Höhepunkt.

Wegen des hohen Andrangs an Studenten musste auch der Lehrkörper kräftig ausgebaut werden. Gab es bisher theoretische Physik und Experimentalphysik, gab es neu Professoren für Festkörperphysik, Kernphysik, Hochenergiephysik, Tieftemperaturphysik. Zusätzlich gab es eine Anzahl Assistenzprofessoren, welche die ordentlichen Professoren von der Pflicht zum Halten von Vorlesungen weitgehend entlasteten. Heute, aus einiger Distanz, kann man sich fragen, wo all die frisch ausgebildeten Physiker geblieben sind. Nachdem die Hochschulstellen besetzt waren, gingen einige zum CERN oder in die Forschungsanstalten der Grossindustrie: Bell Labs, IBM, Philips und in das neu aufgebaute Forschungszentrum der Brown Boveri AG (BBC).[1] Die übrigen konnten in der Grundlagenforschung nicht mittun. Sie verdienten ihren Lebensunterhalt als Lehrer in den Gymnasien und technischen Hochschulen, die damals noch als ‚Technikum' bezeichnet wurden. Wieder andere arbeiteten in der Industrie: Hier ging es dann um Anwendungen der Physik im Apparatebau und in der Messtechnik. Weiter weg vom Fachgebiet arbeiteten ausge-

---

[1] Später fusionierte BBC mit Asea zur heutigen ABB

bildete Physiker als Informatiker. Auch die Branche der Unternehmensberater wie McKinsey und Boston Consulting Group stellte gerne Physiker ein, da man von ihnen erwartete, dass sie aufgrund ihres analytischen Denkvermögens rasch die Ursachen von Problemen in Unternehmen herausfinden könnten.[2]

Ingenieur-Physiker

Praktisch alle Physiker, die in der Industrie arbeiten, sind Ingenieur-Physiker. Dies habe ich selber rasch erfahren, als ich bei der Firma Balzers AG im Fürstentum Liechtenstein eine Stelle im Physiklabor annahm. Ich war ein Spezialist für Gasentladungen und mein Fachgebiet waren Niederdruckplasmen. Ein älterer Kollege sagte mir schon nach wenigen Arbeitstagen: „Es ist schon gut, wenn du viel von Plasmaphysik verstehst, aber eigentlich interessiert das hier niemanden. Du musst Sputtering-Anlagen bauen und diese müssen tadellos funktionieren!" Sputtering oder Kathodenzerstäubung ist eine Methode zur Herstellung Dünner Schichten, die man in der Optik und vor allem in der Halbleiterelektronik braucht. Bei Balzers war man damals noch ganz auf die Aufdampftechnik im Hochvakuum eingeschworen und Sputtering galt als eine etwas minderwertige Technologie. Ich wurde deshalb mit meinen beiden Laboranten – Zwicky hätte sie sicher als Genies bezeichnet, wenn er sie gekannt hätte – ziemlich allein gelassen, sollte mich aber gegen die konkurrierenden Firmen aus den USA behaupten, wo Sputtering bereits zu einem Standard wurde. Da war Ingenieurkunst mehr gefragt als Physik. Nebst dem klassischen Zerstäuben gelang uns dann die Entwicklung eines Plasmareaktors, den die Konkurrenz nicht kannte. Eine kurze Beschreibung befindet sich in meinem Buch [31]. Nach einiger Zeit habe ich dann das Labor verlassen und kam ins Management. Zu guter Letzt endete ich als selbstständiger Unternehmensberater. Nun – im Alter – ist es mir wieder vergönnt, mich mit

---

[2] Mein Chef bei der Firma Balzers AG für Hochvakuumtechnik und Dünne Schichten, selbst ein Physiker, mokierte sich gerne darüber. Er sagte jeweils: „Die wollen mit ihrem Physikerverstand alles verstehen, auch das, was sie wirklich nicht verstehen!"

physikalischen Fragestellungen auseinander zusetzen, wobei ich aber nicht den Status eines Experten beanspruche.

Beispiele wichtiger Leistungen
Wie aus der Bezeichnung ‚Ingenieur-Physiker' hervorgeht, sind Ingenieur-Physiker nicht nur studierte Physiker, sondern auch Ingenieure, die beim Bau von physikalischen Anlagen, Messgeräten und Experimenten mitwirken. Die zu lösenden Probleme sind zwar physikalisch anspruchsvoll, die Realisation hängt aber vorwiegend von der Ingenieurkunst der Beteiligten ab. Die moderne medizinische Analytik basiert weitgehend auf Apparaten, die von Ingenieur-Physiker entwickelt wurden: Computertomografen, Magnetresonanzinstrumente, Ultraschallgeräte, Szintigramm-Instrumente usw. Im Rahmen dieses Buches sind auch die Geräte zu nennen, welche bei der physikalischen Mess- und Beobachtungstechnik eingesetzt werden: Teleskope, Satelliten, Massenspektrometer, der riesige Large Hadron Collider am CERN oder das von Rohrer und Binnig entwickelte Raster-Tunnelmikroskop, mit dem die Nanotechnologie erschlossen wurde [23]. Das Raster-Tunnelmikroskop wie auch das Raster-Kraftmikroskop sind vor allem Ingenieurleistungen. Das beginnt mit dem Bau der Sonde, dann mit der Verstärkung der Signale und zuletzt mit der Computerauswertung und der Farbgebung, wodurch der Eindruck entsteht, man sehe die Atome auf der Oberfläche eines Festkörpers.

Die zentrale Bedeutung der Messapparatur
Physik geht von mess- oder beobachtbaren Phänomenen aus, die dann in der Sprache der Mathematik beschrieben werden. Praxis (oder Experiment) und Theorie gehen so Hand in Hand. Dies mag in den Augen gewisser Theoretiker vielleicht ein veraltetes Physikverständnis sein, aber für mich ist Physik immer noch eine Naturwissenschaft. Um richtige Physik zu machen, braucht es deshalb Messapparaturen, die von Ingenieur-Physiker gebaut werden. Ich habe versucht, diese zentrale Bedeutung der Messapparaturen in einem Bild festzuhalten und habe die Gebiete, in denen sie zum Einsatz kommen, etwas grossspurig ‚Welten' genannt [31]. Nur über die Messapparaturen erhalten wir

Informationen über die Natur, und nur aufgrund dieser Informationen kann man eine Aussage über die Natur machen.

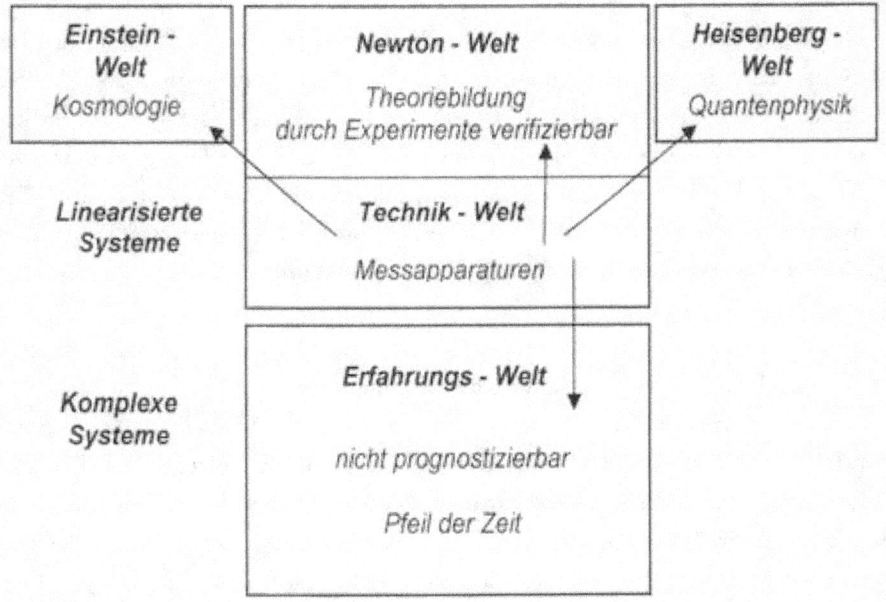

Abb. 1: Linearisierte und komplexe Systeme in Physik, Technik und im Alltag.

Im Folgenden sollen die Rollen der Messapparaturen in den verschiedenen Welten erläutert werden.

1) Newton-Welt
Der Begriff ‚Newton-Welt' soll hier für jene Gebiete der Physik und der Technik gelten, bei denen theoretische Aussagen durch Experimente überprüft werden können, wobei objektive Messungen möglich sind. Hier kann und darf man zwischen Subjekt und Objekt unterscheiden und die Eigenschaften der Messapparatur gehen nicht in die Messung ein. Die Newton-Welt basiert auf der Welt der Technik, und die Welt der Technik geht von den phy-

sikalischen Gesetzen der Newton-Welt aus und baut mit diesen Erkenntnissen Messgeräte und Apparaturen. Diese werden einerseits bei Experimenten eingesetzt, andererseits finden sie auch Anwendung bei vielen Gebrauchsgegenstände der Erfahrungs- oder Alltagswelt. Zur Newton-Welt gehören auch Halbleiter und Computer, obwohl man zum Beispiel zur Erklärung des Bändermodells die bildhafte Quantenphysik benötigt. Wie steht es mit der Speziellen Relativitätstheorie? Gibt es für ihre Richtigkeit Beweise? – Sicher kann man sagen, dass die Spezielle Relativitätstheorie durch viele Experimente verifiziert werden konnte. Auch beim Bau der grossen Beschleuniger im CERN musste sie beachtet werden. So gesehen gehört die Spezielle Relativitätstheorie zur Newton-Welt, auch wenn sie von Einstein stammt.

Die theoretische Physik der Newton-Welt umfasst die Elektrodynamik, die Thermodynamik und die klassische Mechanik, in der das Coulombsche Gesetz und das Newtonsche Gravitationsgesetz gelten. Es gilt das Relativitätsprinzip bezüglich bewegter Systeme – Lorentz- und im Grenzfall Galileitransformation – und die zur Festkörperphysik gehörenden theoretischen Ansätze. Die Theorien (Maxwell-Gleichungen, Newtonsche Axiome) sind in der Sprache der Mathematik formuliert und axiomatisch aufgebaut. Bei gezielt durchgeführten Experimenten versuchen die Physiker, die durch die Theorie vorausgesagten Verhaltensweisen der Natur durch Messungen zu bestätigen oder allenfalls zu widerlegen.

2) Experimente in der Heisenberg-Welt

Heisenberg ist zwar wegen seiner Unbestimmtheitsrelation und seinen weiteren Beiträge zur Quantenphysik berühmt. Er hat aber nicht nur Diskussionen und Publikationen mit theoretischen Physikern geführt; er hat speziell in seinen Erinnerungen die neuen Erkenntnisse auch einem breiteren Publikum erläutert und verständlich gemacht [16]. In der Heisenberg-Welt ist die strenge Trennung zwischen dem zu untersuchenden Objekt und dem die Untersuchung durchführenden Subjekt nicht mehr möglich. Dies zeigt das Doppelspaltexperiment sehr schön. Je nach Aufbau der Apparatur erhält man ein anderes Ergebnis. Hier drei Aussagen, die von Heisenberg stammen:

- *"Wir müssen uns daran erinnern, dass das, was wir beobachten, nicht die Natur selbst ist, sondern Natur, die unserer Art der Fragestellung ausgesetzt ist."*
- *"Die theoretische Deutung eines Experiments erfordert drei deutlich unterschiedliche Schritte. Im ersten wird die experimentelle Ausgangssituation in eine Wahrscheinlichkeitsfunktion übersetzt. Im zweiten wird diese Funktion rechnerisch im Lauf der Zeit verfolgt. Im dritten wird eine neue Messung am System vorgenommen, deren zu erwartendes Ergebnis dann aus der Wahrscheinlichkeitsfunktion berechnet werden kann. .... Es ist unmöglich anzugeben, was mit dem System zwischen der Anfangsbeobachtung und der nächsten Messung geschieht. Nur im dritten Schritt kann wieder der Schritt vom Möglichen zum Faktischen vollzogen werden."*
- *"Das beobachtende System muss keineswegs ein menschlicher Beobachter sein; an seine Stelle können auch Apparate wie fotografische Platten usw. gesetzt werden."*

Dazu noch eine Ergänzung von Pauli:
- *"Hat der physikalische Beobachter einmal seine Versuchsanordnung gewählt, so hat er keinen Einfluss mehr auf das Resultat der Messung, das objektiv registriert allgemein zugänglich vorliegt. Subjektive Eigenschaften des Beobachters oder sein psychischer Zustand gehen in die Naturgesetze der Quantenmechanik ebenso wenig ein wie in die klassische Physik."* [33]

Die Apparatur oder Messeinrichtung selbst ist immer ein Teil der Newton-Welt. Die Apparatur verwandelt ein Quantensignal in ein klassisches Signal, das als Spur eines Teilchens in der Nebelkammer nachgewiesen oder mit Zählern oder mit Computern registriert werden kann; das zur Heisenberg-Welt gehörende Teilchen können wir nicht direkt sehen! Wenn ein Ereignis aus der Quantenwelt in einem Geigerzähler einen Stromimpuls auslöst, so kann dieser durch Verstärkung zu einem Klicken in einem Lautsprecher führen, das alle in einem Raum befindlichen Leute hören können. Wir befinden uns dann nicht nur in der Newton-, sondern auch in der Erfahrungs-Welt.

3) Einstein-Welt

Die Allgemeine Relativitätstheorie befasst sich mit den kosmologischen Vorgängen. In der Einstein-Welt, wie sie in diesem Buch verstanden werden soll, können praktisch keine Experimente gezielt durchgeführt werden. Die Messapparaturen sind Beobachtungsinstrumente. Bekannt sind die Teleskope, mit denen ein Blick in die Vergangenheit des Universums möglich ist. Aus den gemachten Beobachtungen kann man überprüfen, ob die gemessenen Werte der Allgemeinen Relativitätstheorie widersprechen oder nicht.

4) Erfahrungs-Welt
In der Erfahrungs-Welt haben die Messapparaturen nochmals eine andere Aufgabe. Mit ihnen misst man einen Ist-Zustand, zum Beispiel die Temperatur oder den Druck. Aus den dadurch gewonnenen Informationen versucht man Schlussfolgerungen zu ziehen. In der Medizin helfen die Informationen bei der Diagnose von Krankheiten; in der Meteorologie versucht man die Wetterentwicklung vorherzusagen.

Homo faber
Eingangs habe ich von den grossen Leistungen der Ingenieur-Physiker beim Bau von Apparaturen für die moderne Medizin, beim Bau von Beschleunigern, beim Bau von Messapparaturen und Aufbau von Experimenten berichtet. Nicht erwähnt habe ich die grosse Schar derjenigen, die in der Raumfahrt und der Rüstungsindustrie arbeiten oder arbeiteten. Bei der Mondlandung in den 60er Jahren und beim Star War Projekt von Präsident Reagan waren Ingenieur-Physiker beschäftigt. Auch bei der Entwicklung der Atombomben in den vielen Staaten, die heute Atomwaffen besitzen, waren sie massgeblich mitbeteiligt. Eine Wertung vorzunehmen ist schwierig; dies muss jeder Einzelne tun. Dies gilt insbesondere für die Politiker, die dafür zuvorderst in der Verantwortung stehen. Ich kehre deshalb lieber zum Lied von Marlene Dietrich zurück.

„Sag' mir, wo die Blumen sind! – Wo sind sie geblieben?
Sag mir, wo die Blumen sind! – Was ist geschehn?
Sag mir, wo die Blumen sind! – Mädchen pflückten sie geschwind.
Wann wird man je verstehn? – Man wird es nie verstehn!"

2
WARUM und WIE?

Wissen ist gescheit; Glauben ist dumm.
(J. N. Nestroy)

Die Emanzipation der Physik
‚*Warum gibt es alles und nicht nichts?*' ist ein Bestseller von R.D. Precht [26]. Dies ist nicht nur eine der ältesten Fragen der Philosophie; es ist eine Frage, die immer wieder gestellt wird. Warum-Fragen sind Fragen nach dem Sinn; und darauf gibt es keine endgültige Antwort. Eine andere philosophische Frage ist die nach dem Sein. ‚Sein oder nicht Sein?' ist die berühmte Frage, die sich Hamlet stellt und Shakespeares gibt darauf keine klare Antwort.

In der Scholastik des Thomas von Aquin spielt der Seinsbegriff eine zentrale Rolle, wobei daraus die Axiome dieser philosophischen Schule resultierten[3]. Allerdings reduziert sich dieser philosophische Ansatz im Kern auf die aristotelische Logik:
- Satz vom Widerspruch: Eine Aussage kann nicht ‚wahr' und gleichzeitig ‚falsch' sein (A ist nicht gleich Nicht-A).
- Satz vom ausgeschlossenen Dritten: Zwischen einer wahren und einer falschen Aussage gibt es kein Drittes (tertium non datur).

Zusätzlich gilt das Kausalitätsprinzip:
- Alles, was geschieht, hat seinen hinreichenden Grund.

Theologie (Bibel) und Philosophie (Aristoteles) gaben über Jahrhunderte die Antworten auch auf naturwissenschaftliche Fragen. Um einen Körper in Bewegung zu setzen brauchte es die Wirk- oder Bewegungsursache (causa efficiens) und zusätzlich die Zweckursache (causa finalis). Es brauchte einen Beweger, der ein bestimmtes Ziel verfolgt, was man beim Abschiessen eines

---

[3] Zu meiner Zeit am Gymnasium an der Stiftsschule Einsiedeln war eines der Fächer ‚Philosophie', wobei ausschliesslich die Auffassungen der Scholastik gelehrt wurden. Dies dürfte bei der Ausbildung der Theologiestudenten auch heute noch der Fall sein.

Pfeiles auf einen Gegner gut verstehen kann. Darauf basierte der Gottesbeweis von Thomas, wobei der erste Beweger nur Gott sein konnte. Galilei hat dann die Bewegungsgesetze ohne cuasa finalis erklärt und als Erster ein Relativitätsprinzip formuliert. Danach kann ein Passagier in einem Schiff ohne Fenster nicht feststellen, ob das Schiff in Ruhe ist oder mit gleichmässiger Geschwindigkeit fährt. Er hatte auch eine klare Vorstellung, was die Aufgabe der Astronomen und was die Aufgabe der Kirche sein sollte: Die Astronomen sollen sagen, was am Himmel passiert, die Kirche soll sagen, was man tun soll, um in den Himmel zu kommen [24]. Damit hat er den ersten Schritt zur Trennung von Theologie (und Philosophie) und Physik getan. Newton hatte dann später zum Gravitationsgesetz bemerkt, er sage nicht, warum sich zwei Körper anziehen würden, er sage nur, wie sich zwei Körper anziehen. Und die Wie-Frage ist die Basis der Naturwissenschaften.

Physik und Philosophie gingen von da an getrennte Wege, und es gab in der Zwischenzeit nur zaghafte Annäherungen zwischen diesen beiden Wissenschaften. Die Philosophen gingen vom Denken aus, definierten und diskutierten über den Gehalt von Begriffen und setzten als Kommunikationsmittel die Sprache ein, die dann selbst Gegenstand der Philosophie wurde. Die Physiker gingen von Messungen und Beobachtungen aus, wobei sie daraus Begriffe wie Masse, Energie oder Beschleunigung ableiteten und den Zusammenhang dieser Begriffe in mathematischer Sprache festhielten. Aber auch die neue Wissenschaft ‚Physik' kam nicht ohne Glaubenssätze, Paradigmen und Axiome aus. Und da die Philosophen sich wenig um diese Zusammenhänge kümmerten, begannen viele Physiker eine eigene Philosophie zu entwickeln[4]. Hier eine Kostprobe aus dem Buch von Heisenberg ‚Der Teil und das Ganze' [16]: *„Paul Dirac sagte wie folgt: ‚Man kann nie mehr als eine Schwierigkeit auf einmal lösen!', während ich (Heisenberg) genau umgekehrt formulierte: ‚Man kann nie nur eine einzige Schwierigkeit lösen, man wird immer gezwungen sein, mehrere auf einmal zu lösen!'*

---

[4] Leserinnen und Lesern, die diese Aspekte interessieren, sei das Buch von Erhard Scheibe ‚Die Philosophie der Physiker' [33] empfohlen. In neuerer Zeit versuchen die Philosophen, die Allgemeine Relativitätstheorie und die Quantenmechanik in ihr Gedankengebäude einzubauen (vgl. Esfeld: ‚Philosophie der Physik' [7]).

– so enthielten wohl beide Formulierungen einen erheblichen Teil an Wahrheit, und wir konnten uns über den scheinbaren Widerspruch nur trösten, indem wir an eine Äusserung Niels Bohrs dachten, die wir oft von ihm gehört hatten. Niels pflegte zu sagen: ‚Das Gegenteil einer richtigen Behauptung ist eine falsche Behauptung. Aber das Gegenteil einer tiefen Wahrheit kann wieder eine tiefe Wahrheit sein!' "

Wie diese Aussage zeigt, kann zumindest in der Physik die aristotelische Logik nicht so absolut angewendet werden; und vom schrecklichen Wolfgang Pauli wird der Spruch kolportiert: „*Das ist nicht wahr, das ist nicht einmal falsch!*" Wie wir später sehen werden, hat jede der oben beschriebenen Welten ihre Glaubenssätze oder Paradigmen. In dieser Welt können sie den Anspruch auf ‚wahr' erheben. Schwierig oder unzulässig ist aber die Übertragung eines Glaubenssatzes auf andere Welten. Die Versuchung, eine gefundene Wahrheit oder ein physikalisches Prinzip als universalgültig zu erklären, ist gross. Man sollte deshalb besser von ‚passend' als von ‚wahr' sprechen, wie Watzlawick [40] vorschlägt, und dies gilt wohl auch für unsere Erfahrungs-Welt.

<u>Glaubenssätze in den verschiedenen Welten</u>
1) Erfahrungs-Welt
In unserer Alltags-Welt leben wir in einer komplexen Umgebung. Komplex bedeutet, dass viele Elemente sich gegenseitig beeinflussen und dass es zu Rückkopplungen kommt. Unsere Erfahrung lehrt uns, dass die Zukunft nicht prognostizierbar ist. Trotzdem halten wir an folgendem Glaubenssatz fest: ‚Alles, was geschieht, hat seinen hinreichenden Grund!' (Kausalitätsprinzip) und meist folgen wir der aristotelischen Logik. Im Weiteren gehen wir von einem unendlichen Raum mit drei Dimensionen aus. Unabhängig vom Raum gibt es die Zeit, die immer gleich in einer Richtung abläuft.

2) Newton-Welt und Technik-Welt.
In der Newton-Welt gilt weiterhin das Kausalitätsprinzip. Hier werden aber nur Phänomene zugelassen, die gemessen werden können. Dazu muss man Störeffekte ausschliessen, wobei man Rückkopplungen eliminieren muss, damit man zu den zugrunde liegenden Naturgesetzen vorstossen kann. Diese

Linearisierung führt dazu, dass kleine Änderungen oder Störungen in den Versuchsbedingungen (zum Beispiel der einwirkenden Kräfte) auch nur einen kleinen Einfluss auf das Resultat haben (klassische Störungstheorie). Die gemessenen Resultate sind reproduzierbar und unabhängig vom Beobachter, und mit den gefundenen Gesetzen kann man sowohl die Zukunft prognostizieren als auch auf die Vergangenheit zurück schliessen. Der Raum ist dreidimensional und unendlich. Es gilt das Relativitätsprinzip, das heisst, in jedem gleichmässig bewegtem Bezugssystem findet man die gleichen physikalischen Gesetze und kein System ist gegenüber dem anderen bevorzugt.[5] In der Newton-Welt nehmen die Erhaltungssätze eine zentrale Rolle ein. Sie sind Glaubenssätze oder weniger pathetisch ausgedrückt ‚Hauptsätze'. Dies gilt vor allem für den ersten Hauptsatz der Thermodynamik (Energiesatz), während dem zweiten Hauptsatz, dem Entropiesatz, nur der Status eines Erfahrungssatzes zukommt.

3) Einstein-Welt

In der Einstein-Welt ist die vierdimensionale Raumzeit zentral. Diese Raumzeit ist nach der Allgemeinen Relativitätstheorie mit den im Universum vorkommenden Massen gekoppelt, welche die Raumzeit krümmen. Hier eine Aussage von Einstein: *„Früher hat man geglaubt, wenn alle Dinge aus der Welt verschwinden, so bleiben noch Raum und Zeit übrig; nach der Relativitätstheorie verschwinden aber Zeit und Raum mit den Dingen."* Damit wird das Universum endlich, aber unbegrenzt.[6] Im Weiteren gibt es verschiedene Prinzipien, die man als Glaubenssätze bezeichnen kann.

- Das Äquivalenzprinzip der Allgemeinen Relativitätstheorie besagt, dass die Wirkung einer Beschleunigung nicht von der Wirkung der Schwerkraft unterschieden werden kann.
- Weiter gilt der Glaubenssatz, dass kein materielles Ding, auch kein Elementarteilchen, sich schneller als die Lichtgeschwindigkeit bewe-

---

[5] Relativitätsprinzip nach Galilei und Einsteins Spezielle Relativitätstheorie.
[6] Oft wird dies mit einer Kugel oder einem Ballon veranschaulicht. Die Oberfläche der Kugel kann berechnet werden, sie ist endlich. Sie hat aber keinen Rand, ist also unbegrenzt (vgl. auch ‚Raumzeit').

gen kann[7]. Einsteins Theorie ist streng kausal, und der Zufall hat hier keinen Platz.

- Das kosmologische Prinzip besagt, dass das Universum homogen sei, dass es also überall gleich aussieht, wo immer ein Beobachter sich befinden wird [33].

- Eine weitere stillschweigende Annahme ist die der Unveränderlichkeit der Naturgesetze. Spektralanalysen legen den Schluss nahe, dass die Materie im Weltall die gleiche Beschaffenheit wie auf der Erde hat. Dies wurde schon von Newton so angenommen, der damit der Auffassung von Aristoteles widersprach, nach der die Himmelskörper eine gänzlich andere Natur als die Erde hätten. Heute geht man von der Annahme aus, dass sowohl die Gesetze an sich, als auch die darin enthaltenen Naturkonstanten, sich seit dem Urknall nicht verändert hätten und das auch in Zukunft nicht tun würden. Wenn man bedenkt, dass wir astronomische Beobachtungen nur in einem Zeitfenster von 400 Jahren gemacht haben und wenn wir diese Zeit in Bezug zum Alter des Universums (13 Milliarden Jahre) setzen, dann ist dies doch eine verwegene Schlussfolgerung. [37]. In der Quantenphysik hat man bereits die Erfahrung gemacht, dass bei kleinen, atomaren Strukturen andere Gesetzmässigkeiten herrschen, als man sie von der klassischen Physik her kennt. So könnte es sein, dass sich die Naturkonstanten zeitlich ändern, dass man dies aber in der kurzen Zeit unserer Beobachtungen nicht nachweisen kann.

4) Heisenberg-Welt

Die Heisenberg-Welt ist die Welt des Welle-Teilchen-Dualismus. Ob man Welle oder Teilchen beobachtet, hängt von der Versuchsapparatur ab. Dies zeigt das Doppelspalt-Experiment, welches in verschiedenen Büchern aus-

---

[7] Damit ist gemeint, dass es für die maximale Übertragung von Informationen einen Höchstwert gibt, der nicht überschritten werden kann. Dies gilt schon in der Speziellen Relativitätstheorie, aus der die berühmte Formel $E = m \cdot c^2$ stammt.

führlich beschrieben wird. Die Teilchen selbst können nur diskrete Werte (Quanten) für Grössen wie Energie, Impuls, Drehimpuls usw. annehmen. Man sagt, diese Werte seien gequantelt und die klassische Störungstheorie der Newton-Welt kann nicht mehr angewendet werden. Auch das strenge Kausalitätsprinzip gilt nicht mehr. Dies ist der fundamentalste Unterschied zwischen der Quantenphysik und der Allgemeinen Relativitätstheorie.

Die Quantenphysik geht heute meist von der Kopenhagener-Deutung und deren Prinzipien aus: das Komplementaritätsprinzip - die Unbestimmtheitsrelation - die Wahrscheinlichkeitsinterpretation - das Superpositionsprinzip - die Verschränktheit. Komplementarität bedeutet, dass experimentelle Einrichtungen bestimmen, was beobachtet werden kann und dass sich bestimmte Einrichtungen gegenseitig ausschliessen. Die in den dazugehörigen Versuchen gemachten Erfahrungen sind komplementär zueinander; beide sind gleichwertige Aspekte und stellen die vollständige Information dar, die erhalten werden kann. Die von Heisenberg gefundene mathematische Beschreibung dieser Zusammenhänge führte zur Unbestimmtheitsrelation. Sie besagt, dass man von einem Teilchen nicht gleichzeitig Ort und Impuls genau angeben kann. Dies ist nicht auf Messungenauigkeiten zurückzuführen, sondern ist ein Ausdruck der Komplementarität. Bei der Wahrscheinlichkeitsinterpretation geht es um die Frage nach der Ursache, warum das Elektron an einer bestimmten Stelle auf die Wand auftritt. Danach ist das, was ein einzelnes Teilchen tatsächlich macht, dem reinen Zufall überlassen. Zwar kann man die Wahrscheinlichkeit für das Auftreten an einem bestimmten Ort berechnen, aber nicht mehr. Die Verschränkung bewirkt, dass man einem System mit mehreren Teilchen nur eine gemeinsame Wellenfunktion zuordnen kann. Die Teilchen sind miteinander verschränkt. Dadurch fällt die individuelle Zustandsbeschreibung für ein Teilchen weg; Aussagen sind nur für das System möglich[8].

---

[8] Verschränkung bedeutet, dass zwei Partikel, z. B. Photonen, miteinander verbunden sind. Eine Änderung an einem der Partikel (z. B. durch Messung der Polarisation) bewirkt eine augenblickliche Änderung am anderen Partikel, unabhängig vom momentanen Abstand der beiden Teilchen (Nichtlokalität).

Die Verschränkung kann experimentell nachgewiesen werden und ist damit kein eigentlicher Glaubenssatz. Anders ist es mit der Superposition. Hier treibt Schrödingers Katze ihr Unwesen. Diese ist in eine Stahlkammer gesperrt, in der ein Mechanismus durch den Zerfall eines radioaktiven Atoms ausgelöst wird und Blausäure freisetzt. Erst durch Beobachtung wird die ‚verschmierte' Katze endgültig tot oder lebendig[9]. Zwischen dem Zeitpunkt, bei dem die Blausäure in den Kasten strömt und dem Beobachtungszeitpunkt wäre demnach die Katze im Zustand der Superposition. In der Quantenphysik nimmt man an, dass ein Teilchen vor einer Messung im Zustand der Superposition verharrt. Im Gegensatz zur klassischen Physik trägt es dann zwei gegensätzliche Eigenschaften, zum Beispiel ‚Spin nach oben' und ‚Spin nach unten'. Erst die Messung führt dazu, dass es wieder einen und nur einen Zustand annimmt. Da aber im Zustand der Superposition noch keine Messung vorliegt, ja nicht einmal vorliegen kann, ist die Existenz eines Teilchens im Zustand der Superposition ein Glaubenssatz. Während man die Katze, bevor man sie in die Stahlkammer eingesperrt hat, sehen konnte und lebendig war, hat niemand das Quantenteilchen in der Superposition gesehen, und man weiss nicht, ob es real als individuelles Teilchen existiert. Man überträgt deshalb eine Vorstellung aus der Erfahrungs-Welt auf die Heisenberg-Welt. Gleiches ist auch von den vielen Teilchen des Standardmodells der Elementarteilchen (z. B. Quarks, Gluonen, Gravitonen) zu sagen.

Die grossen Erhaltungssätze

Im Buch von Feynman [8] ist ein Kapitel den grossen Erhaltungssätzen gewidmet. Daraus kurz einige Passagen: „*Schaut man sich die Gesetze der Physik an, so findet man eine grosse Zahl komplizierter und detaillierter Gesetze................aber in dieser Vielfalt und sie übergreifend entdeckt man grosse allgemeine Prinzipien, denen alle diese Gesetze zu gehorchen scheinen. Hierher gehören die Erhaltungssätze.*" Ein Erhaltungsgesetz besagt, dass es eine Zahl gibt, die man zu einem bestimmten Zeit-

---

[9] Das Übertragen von Glaubenssätzen von der Heisenberg-Welt auf ein Objekt der Erfahrungs-Welt, zu der die Katze gehört, ist zwar unzulässig, soll aber hier nicht diskutiert werden.

punkt berechnen kann, und dass diese Zahl, wenn man sie zu einem späteren Zeitpunkt berechnet, nachdem die Natur eine Vielzahl von Veränderungen erfahren hat, wieder den gleichen Wert hat. Der wichtigste Erhaltungssatz ist wohl der Energiesatz. Energie kann zwar umgewandelt werden, von potenzieller zu kinetischer Energie oder von Wärmeenergie in Arbeit. Die Summe der Energie aus all den verschiedenen Erscheinungsformen bleibt konstant. Daneben gibt es den Impulserhaltungssatz[10]. Der Gesamtimpuls aller Teilchen in einem System bleibt erhalten. Und auch der Drehimpuls bleibt erhalten, was man bei den Eiskunstläuferinnen sieht, wenn sie zu einer Pirouette ansetzen. Die Erhaltung der Ladung gilt ebenfalls als Erhaltungssatz.

In der modernen Physik, insbesondere in der Quantenphysik, werden die Erhaltungssätze auf Symmetrien zurückgeführt. Symmetrie liegt vor, wenn man etwas tun kann (Drehen, Spiegeln, Verschieben), ohne dass sich etwas verändert. Allerdings gibt es auch Fälle von Symmetrieverletzung und Symmetriebrechung. Für uns ist wichtig, dass die Erhaltungssätze starke Hilfsmittel und aus der Physik nicht wegzudenken, aber letztlich doch Glaubenssätze sind.

<u>Komplexe Systeme</u>
Komplex und kompliziert ist nicht dasselbe. *„Kompliziert ist ein System, das schwierig zu überblicken ist, dessen geduldige Analyse aber eine Zerlegung in Untereinheiten erlaubt. Für ein komplexes System ist diese Art der Unterteilung nicht möglich, oder präziser, sie trägt nicht zum Verständnis des Gesamtsystems bei: Gerade die Vernetzung vermeintlicher Einzelteile prägt wesentliche Eigenschaften des Gesamtsystems..........Das Ganze ist mehr als die Summe seiner Teile." [29].* Das beste Beispiel für ein komplexes System ist der Mensch: Der Mensch ist mehr als die Summe seiner Organe. Und der Mensch lebt in der Erfahrungs-Welt, die komplex ist. Oft spricht man dann von Emergenz, worüber im zweiten Teil des Buches berichtet werden soll.

---

[10] Impuls = Masse mal Geschwindigkeit

In der Newton- und der Technik-Welt herrscht die Physik des Gleichgewichts; sie ist stabil. In der Erfahrungs-Welt leben wir in einer Umgebung, die nicht im Gleichgewicht ist; sie ist instabil, kann sich entwickeln und ist nicht prognostizierbar. Trotzdem können einige Prinzipien der klassischen Physik auch auf die Alltagswelt angewendet werden. Wenn wir Nahrung aufnehmen, führen wir dem Körper Energie zu. Wir verbrauchen Energie für Bewegung und für die Aufrechterhaltung der Körpertemperatur. Nehmen wir mehr Energie auf, als wir verbrauchen, so nimmt unser Körpergewicht zu: wir werden dick. Eine Anwendung des Energiesatzes sehen wir auch, wenn ein Auto gegen ein anderes knallt. Die Bewegungsenergie der beiden Fahrzeuge führt zum Crash und zur Verformung der Autos mit oft schlimmen Folgen. Aber, wie gesagt, muss man vorsichtig sein, wenn man Glaubenssätze von einer Welt in eine andere transportiert.

Philosophie fragt nach dem WARUM. Philosophie ist deshalb eine Geisteswissenschaft und was uns die verschiedenen philosophischen Schulen lehren, kann man glauben oder auch nicht. Physik fragt nach dem WIE. Physik ist deshalb eine Naturwissenschaft. Doch was können wir wirklich von der Natur wissen und was ist ein Glaubenssatz, den man anzweifeln kann? – So können wir frei nach Nestroy sagen:

Wissen ist gescheit; Glauben ist dumm.
Wissen bringt Zweifel; das ist dumm.
Glaube macht erfolgreich (selig); das ist gescheit.

3

Griechische und babylonische Mathematik

Ihr saht den weisen Salomon;
ihr wisst was aus ihm wurd.
(B. Brecht: Dreigroschenoper)

Griechische Mathematik

Die Mathematik hatte sich schon mit Euklid und Pythagoras zu einer selbstständigen Wissenschaft entwickelt, die um ihrer selbst willen betrieben wurde. Die Schönheiten geometrischer Formen und stereometrischer Körper beflügelte den Geist der Antike, wobei auch die Gestirne solchen Bahnen folgen mussten. Euklid hat gezeigt, dass alle geometrischen Theoreme von einem Satz besonders einfacher Annahmen abgeleitet werden können[11]. Die selbstständige mathematische Wissenschaft geht bis heute von Axiomen aus und konzentriert sich auf Beweise innerhalb des Systems dieser Axiome. Feynman [8] bezeichnet dies in seinem berühmten Buch ‚Vom Wesen physikalischer Gesetze' als die griechische Tradition der Mathematik. Hier einige Zitate aus diesem Buch: *„Die moderne Mathematik konzentriert sich auf Axiome und Beweise innerhalb eines fest umrissenen Rahmens von Konventionen darüber, was als Axiom gelten darf und was nicht."* Diese griechische Mathematik ist eine Wissenschaft, die selbst geschaffene abstrakte Strukturen auf ihre Eigenschaften und Muster untersucht. Als Kerngebiete der Mathematik gelten ‚Logik und Mengenlehre', ‚Zahlentheorie'[12], ‚Algebra', ‚Topologie' und ‚Analysis'. Daneben gibt es viele Spezial- und Teilgebiete wie zum Beispiel ‚Geometrie', ‚Vektoranalysis' oder ‚Wahrscheinlichkeitsrechnung'. Von fundamentaler Bedeutung

---

[11] Die euklidschen Axiome wurden in den vergangenen Jahrhunderten nicht nur angewendet und diskutiert. Sie wurden auch mathematisch präziser gefasst. Der grosse Mathematiker David Hilbert hat dann die Form gefunden, die nun als hieb- und stichfest gelten darf.

[12] Singh [36] hat unter dem Titel ‚Fermats letzter Satz' eine spannende Geschichte zur Zahlentheorie geschrieben.

ist die mathematische Logik. Kurt Gödel erkannte, dass sich in der Mathematik nicht alles beweisen lässt. In jedem axiomatischen System gibt es mathematisch unbeweisbare Sätze, von denen man nicht weiss, ob sie ‚wahr' oder ‚falsch' sind. Dies ist der berühmte Gödelsche Unvollständigkeitssatz.

Neben der griechischen Mathematik gibt es die babylonische Tradition. Sie ist eine Ansammlung von Beispielen und Tabellen, wie man etwas berechnen kann. Diese Anleitungen halfen vor allem für astronomische Berechnungen. Feynman stellt fest, dass die Physiker meist die babylonische Methode bevorzugen. Dazu schreibt er: *„Die Mathematiker befassen sich nur mit der Struktur der Schlussfolgerungen; worüber sie reden, kümmert sie im Grunde wenig. ....Der Physiker dagegen verbindet mit all seinen Sätzen eine Bedeutung."* Dabei greifen die Physiker stets auf die Mathematik zurück, da sie sowohl Sprache als auch Logik ist. Stellt sich also ein physikalisches Problem, so schaut sich der Physiker bei den Mathematikern um, ob sie ihm eine passende Hilfe anbieten könnten. Bekanntestes Beispiel ist Einstein: Seine Überlegungen gingen meist von einem Gedankenexperiment aus. Darauf aufbauend entwickelte er eine Theorie. Um diese Theorie in mathematischer Sprache richtig zu formulieren, ging er gerne zum Mathematikprofessor Marcel Grossmann von der ETH in Zürich, der ihm vor allem bei der Allgemeinen Relativitätstheorie wichtige Anweisungen gab. Aber auch Experimentalphysiker müssen einige Techniken der Mathematik beherrschen, wobei sie ganz in der babylonischen Tradition verhaftet bleiben. Beispiele sind nebst der Differential- und Integralrechnung die Vektoranalysis, die Fourier- und Laplacetransformation und, immer wichtiger, die Methoden der numerischen Mathematik, die man bei Computerberechnungen einsetzt. Hier sei noch die Taylorentwicklung erwähnt, welche dem Titel dieses Buches Pate gestanden hat. In der Analysis verwendet man Taylorreihen um Funktionen in der Umgebung bestimmter Punkte als Potenzreihen darzustellen. Bei vielen physikalischen Problemen kann die Reihe nach wenigen Gliedern abgebrochen werden und man erhält eine brauchbare Annäherung zum exakten Wert:

$$T_n(x) = f(a) + f'(a) \cdot (x-a) + \ldots\ldots + f^n(a) \cdot (x-a)n/n!$$
$f(a)$: **Nullte Näherung**
$f(a) + f'(a) \cdot (x-a)$: **Erste Näherung**

Der Seeweg nach Indien

Gegen Ende des fünfzehnten Jahrhunderts setzte sich die Überzeugung durch, dass die Erde eine Kugelgestalt habe. Damals erstreckte sich die bekannte Welt von Portugal und Spanien im Westen nach Indien und China im Osten. Von Indien kamen die kostbaren Gewürze und in Spanien regierte der Hochadel. Der Landweg von Spanien nach Indien war lang und voller Gefahren. So versuchte man, auf dem Seeweg nach Indien zu kommen. Christoph Kolumbus, ein genuesischer Seefahrer in spanischen Diensten, stach am 4. August 1492 in See Richtung Westen, weil er glaubte, so schneller in Indien zu sein als die Portugiesen, welche auf dem Seeweg Afrika umschiffen wollten[13]. Am 12 Oktober 1492 landete Kolumbus in der neuen Welt. Er hatte sein Ziel zwar nicht erreicht, dafür aber einen neuen Kontinent entdeckt.

Warum erzähle ich diese Geschichte? – Die heutige Physik ist in einer ähnlichen Situation wie damals die Spanier. Das von mir gezeigte Bild von den verschiedenen Welten – eigentlich sollte man eher von Kontinenten oder Ländern sprechen – kann mit den damaligen Landkarten verglichen werden. Westeuropa entspricht dabei der Einstein-Welt, Mittel- und Osteuropa der Newton-Welt und Asien der Heisenberg-Welt. Und Afrika ist die noch wenig erforschte Erfahrungs-Welt. Die Frage lautet nun: ‚Wie finden die modernen Seefahrer den Weg von der Einstein-Welt zur Heisenberg-Welt?' Findet man diesen Weg, dann hätte man die grosse vereinheitlichte Theorie, und als Nächstes könnte man die Weltformel finden. Nun müsste aber die Technik des Schiffsbaus soweit sein, dass sich ein neuer Christoph Kolumbus aufmachen könnte, um Neues zu entdecken. Dazu bräuchte es neue Messapparaturen, Beobachtungen und Experimente. Da man noch nicht soweit ist, schlüp-

---

[13] Vasco da Gama gelang dieses Unterfangen 1498, nachdem er das Kap der guten Hoffnung umschifft hatte.

fen dafür die Theoretiker durch ein Wurmloch und machen eine Zeitreise ins vierte Jahrtausend. Dort können sie sich wie Stephen Hawking im Raumschiff Enterprise mit Einstein und Newton treffen und sich in einem Pokerspiel vergnügen. Damit kommen wir in das Reich von Science-Fiction.

Mathematische Physiker

Einer der Ersten, welcher nach der Weltformel suchte, war Albert Einstein. Er wollte seine Theorie der Gravitation mit der Elektrodynamik vereinigen. Allerdings konnte er dazu kein Gedankenexperiment machen, sodass er im Alter versuchte, vom Allgemeinen zum Speziellen zu gehen. Damit hat er seinen eigenen Weg verlassen und ist mit seinen Bemühungen nicht weiter gekommen [43]. Nun versuchen andere, mit mathematischen Methoden und Modellen, dieses Ziel zu erreichen und eine Weltformel zu entwickeln. Einige von ihnen haben bereits einen ähnlichen Kultstatus wie Einstein. Dazu meint Unzicker [37]: *„Ganz allgemein hat der mathematische Physiker eine angenehme Stellung: Unter den Mathematiker gilt seine Arbeit als nützlich, weil anwendungsbezogen, während er unter Physikern den Freibrief hat, Abgehobenes zu tun!"*

Einer der Glaubenssätze, welchem die mathematischen Physiker anhängen, lautet: „*Alles, was mathematisch möglich ist, ist auch in der Natur realisiert!*" Wie man aber weiss, lässt die Allgemeine Relativitätstheorie verschiedene Lösungen zu. Sowohl ein stabiles Universum (steady state – Theorie) als auch der Urknall kann eine Lösung sein, wobei die neueren Beobachtungen die Urknall – Theorie favorisieren [33]. Die heute viel bemühte Stringtheorie[14] startet in der Heisenberg-Welt, wobei die kleinsten Teilchen als Schwingungszustände beschrieben werden. In der Superstringtheorie wird dann die Quantenphysik mit der Allgemeinen Relativitätstheorie vereinigt. Dabei kommt man in die Branwelt[15], einer höherdimensionalen Raumzeit. Eine 1-Bran ist ein String, eine 2-Bran eine Membran, eine 3-Bran hat drei ausgedehnte Dimensionen und eine p-Bran hat p Dimensionen [13]. Weiter geht es mit der ‚Theorie von allem'. Damit kommt man zur M-Theorie, die gemäss Hawking elf Raumzeitdimen-

---

[14] String: Faden
[15] Bran: abgeleitet vom Wort MemBRAN

sionen hat [14]: „*Die Gesetze der M-Theorie lassen verschiedene Universen zu, je nachdem, wie die Extradimensionen aufgewickelt sind.*" Anstelle des Universums gibt es dann das Multiversum. Dabei führen gemäss dieser Theorie Quantenfluktuationen zur Schaffung winziger Universen aus dem Nichts. „*Einige erreichen eine kritische Grösse, expandieren dann inflationär; in ihnen entstehen Galaxien, Sterne und, in mindestens einem Fall, Wesen wie wir [14]*".

Schon einige Male bin ich von Freunden gefragt worden, ob ich daran glaube, dass neben unserem Universum weitere Universen existieren würden. Meine Antwort ist dann meist die Folgende: ‚In einem anderen Universum gibt es wohl eine andere Raumzeit, die sich von unserer unterscheidet. Bis jetzt wurde noch nicht gesagt, wie zwischen solchen unterschiedlichen Gebilden Informationen ausgetauscht werden können. Wenn wir keine Information haben, dann können wir auch nicht wissen, ob solche Universen existieren'. Dann zitiere ich meist Wolfgang Pauli, der bei einer ähnlichen Fragestellung gesagt haben soll, eine Diskussion über solche Fragen sei gleich sinnvoll wie die mittelalterlichen Diskussionen um die Frage, wie viele Engel auf einer Nadelspitze Platz hätten. Und jeder, der sich in den modernen Strassenverkehr traut, glaubt sicher an Engel, denn ohne Schutzengel würde er nicht überleben. Damit komme ich zurück auf den weisen Salomon und auf Bert Brecht:

Ihr saht den weisen Salomon;
ihr wisst was aus ihm wurd.
Dem Mann war alles sonnenklar;
Er verflucht die Stunde der Geburt
und sah, dass alles eitel war.
Wie gross und weis war Salomon!
Und seht, da war es noch nicht Nacht,
da sah die Welt die Folgen schon:
Die Weisheit hatte ihn so weit gebracht.
Beneidenswert, wer frei davon!

4

Fundamentale Naturkonstanten

Alles ist Gesetz

Zwei fundamentale Gesetze

Der grundlegendste Glaubenssatz der Physik lautet: Alle Phänomene in der Natur können durch Gesetze beschrieben werden! Zur Beschreibung braucht man die mathematische Sprache. Es ist die Aufgabe der theoretischen Physiker, diese Gesetze zu formulieren. Hernach kann man die Gesetze experimentell überprüfen, oder wie Popper sagt, verifizieren oder falsifizieren. Solange ein so gefundenes Gesetz nicht falsifiziert wurde, ist es eine brauchbare Arbeitshypothese. Zwei fundamentale Gesetze aus der Newton-Welt bestechen durch ihre Einfachheit und Schönheit: das Gravitationsgesetz nach Newton und das Coulombsche Gesetz. In Worten ausgedrückt sagt das Gravitationsgesetz aus, dass sich zwei Gegenstände mit einer Kraft anziehen, die proportional zu den beiden Massen ist, wobei diese Kraft aber mit dem Quadrat des Abstandes der beiden Massen abnimmt. Dies ist eine schrecklich schwierige Aussage, die erst noch zu Missverständnissen führen kann. Da ist die mathematische Formulierung viel einfacher und schöner. Es ist nicht verwunderlich, dass sich um die Entdeckung dieses fundamentalen Gesetzes Legenden ranken. Newton soll diese Eingebung gehabt haben, als er unter einem Apfelbaum sass und ihm ein Apfel auf den Kopf fiel.

Zusammen mit den drei Newtonschen Axiomen kann mit dem Gravitationsgesetz die ganze klassische Mechanik beschrieben und die Bewegungen der Planeten im Sonnensystem erklärt werden[16]. Das Gleiche gilt für das Coulombsche Gesetz, welches zusammen mit den Maxwell-Gleichungen das Gebiet der klassischen Elektrodynamik abdeckt.

---

[16] Einstein hat in der Allgemeinen Relativitätstheorie eine für kosmologische Dimensionen exaktere Formulierung der Gravitation vorgegeben. Das Newtonsche Gravitationsgesetz ist in nullter und erster Näherung exakt und zuverlässig.

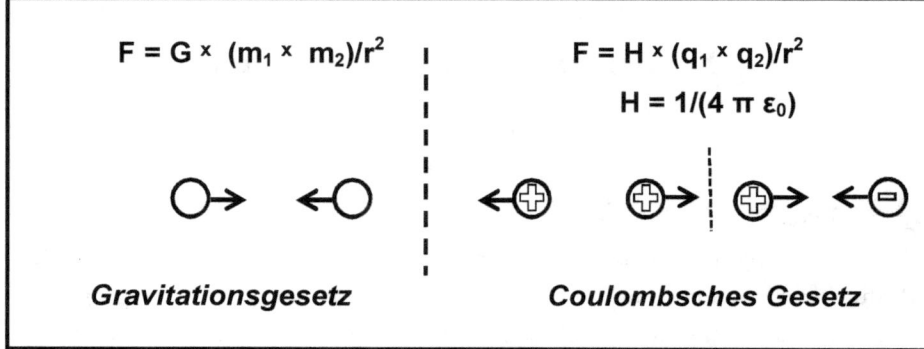

Abb. 2: Gravitationsgesetz und Coulombsches Gesetz

Die Kräfte, die sich aus den beiden Gesetzen ergeben, sind fundamental und werden im Standardmodell als ‚Elektromagnetische Kraft' und ‚Gravitationskraft' bezeichnet. Das Standardmodell ist in der modernen Physik so etwas wie der Stein der Weisen im Mittelalter. Damals suchte man nach der Urmaterie, der prima materia, die in jeder Substanz enthalten sein sollte. Heute versucht man mit dem Standardmodell alle physikalischen Vorgänge zu erklären, womit es zur Kategorie der Glaubenssätze gehört. Darüber soll später berichtet werden. Im Rahmen der Betrachtungen in diesem Buch haben die beiden oben beschriebenen Gesetze aber eine weitere Bedeutung: Sie stossen die Türen von der Newton-Welt zur Einstein- und zur Heisenberg-Welt auf.

Fundamentale Konstanten

Fundamentalen Konstanten können nicht aus einer Theorie oder aus Axiomen abgeleitet werden. Sie müssen experimentell bestimmt werden. Physik ist deshalb im Kern die Wissenschaft von den in der Natur beobachteten oder gemessenen Eigenschaften. Die erste fundamentale Konstante ist die Gravitationskonstante G. Während man die Konstante für die Erdbeschleunigung g sehr gut bestimmen kann[17], ist die Messung von G recht schwierig. Dazu benötigt man eine Drehwaage, wie sie schon Cavendish benutzt hatte. Dabei

---

[17] Dabei ist die Masse des von der Erde angezogenen Objekts jeweils klein gegenüber der Erdmasse.

verdreht sich ein Draht, an dem eine Masse aufgehängt ist, um einen bestimmten Winkel, wenn eine andere Masse in seine Nähe kommt. Es ist schon erstaunlich, dass man heute den Wert der Gravitationskonstante recht genau angeben kann.

Im Coulombschen Gesetz begegnen wir der elektrischen Feldkonstante ε. Sie ist gemäss der Maxwellschen Gleichungen mit der Vakuumlichtgeschwindigkeit c gekoppelt. Die Lichtgeschwindigkeit spielt sowohl in der Speziellen als auch in der Allgemeinen Relativitätstheorie eine zentrale Rolle und ist eine der fundamentalsten Konstante in der Physik, sodass man ihren Wert definitorisch festgelegt hat.[18]

Mit dem Aufkommen der modernen Atomtheorie ergab sich die Frage, ob es einen kleinsten Wert für die Ladung gibt, auf die das Coulombsche Gesetz anwendbar ist. Die nächste fundamentale Konstante ist deshalb die Elementarladung e. Sie wurde zuerst mit dem berühmten Öltröpfchenversuch von Milikan bestimmt. Aus dem zeitlichen Unterschied der Auf- und der Abwärtsbewegung eines geladenen Öltröpfchens kann der Wert der Ladung berechnet werden. Das Experiment von Milikan setzt aber voraus, dass fünf andere physikalische Gesetze richtig sind: die Stocksche Reibungskraft, das Archimedische Gesetz (Auftrieb in Flüssigkeiten), die Lorentz-Gleichung (Bewegungsgleichung für Punktladungen), das zweite Newtonsche Gesetz und das Gravitationsgesetz [33]. Auch wenn man heute die Elementarladung anders und genauer bestimmen kann, so ist doch festzuhalten, dass jede Messung sich auf viele vorangehende Messungen und gefundene Gesetzmässigkeiten stützt, die alle in der Newton-Welt angesiedelt sind. Kennt man die Ladung des Elektrons, dann kann man aufgrund seiner Ablenkung im Magnetfeld auch seine Masse bestimmen. Milikan führte den Schwebetröpfchenversuch im Jahr 1909 durch. 1905 hatte Einstein nicht nur die Spezielle Relativitätstheorie formuliert, er gab auch eine Erklärung zum lichtelektrischen

---

[18] Der definitorische Wert der Lichtgeschwindigkeit ist zwar sehr nahe beim gemessenen Wert. Er ist sozusagen die nullte Näherung. Dieses Vorgehen ist problematisch, da man nicht der Natur das letzte Wort lässt.

Effekt. Bestrahlt man eine Metallplatte mit Licht oder Röntgenstrahlen, so treten aus der Platte Elektronen mit einer bestimmten Energie aus. Die Interpretation von Einstein war die, dass Photonen die Energie hν besitzen, wobei h für das Plancksche Wirkungsquantum und ν für die Frequenz der Lichtwelle steht. Es war dann wieder Milikan, der das Plancksche Wirkungsquantum experimentell bestimmte.

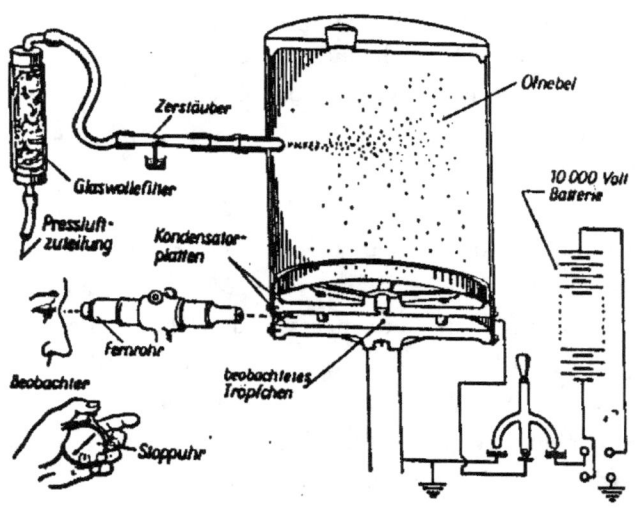

Abb. 3: Milikans Schwebeträfchen-Versuch nach L. Pauling [25]

Mit den fünf Konstanten
- Gravitationskonstante G
- Masse des Elektrons m_e
- Lichtgeschwindigkeit c
- Elementarladung e
- Plancksches Wirkungsquantum h

können eine Anzahl weiterer Kontanten abgeleitet werden, die in der Heisenberg- und in der Einstein-Welt eine Bedeutung haben. Bemerkenswert ist, dass dabei Grössen aus beiden Welten miteinander in Verbindung gebracht werden. Im Anhang sind einige dieser Konstanten aufgeführt.

In der Newton-Welt wird vor allem die uns unmittelbar umgebende Materie untersucht. Sie besteht immer aus einer grossen Anzahl Moleküle oder Atome; wir kennen die Aggregatszustände fest, flüssig, gasförmig und zusätzlich ionisiert. Die entsprechenden physikalischen Disziplinen sind Festkörperphysik, Hydrodynamik, Physik der Gase und Plasmaphysik. Bei diesen Gebieten spielt die Thermodynamik eine entscheidende Rolle. Dabei gibt es zwei weitere fundamentale Naturkonstanten: die Boltzmann-Konstante k und der absolute Nullpunkt T_0. Daneben gibt es eine Vielzahl von Materialkonstanten, die alle experimentell bestimmt wurden.

Im Rahmen der Quantenelektrodynamik (QED), der Quantenchromodynamik (QCD) und der Quantenflavordynamik (QFD) werden weitere Kraft- oder Wechselwirkungsgesetze postuliert. Damit verbunden sind zusätzliche fundamentale Naturkonstanten. Je nach Zählung kommt man dabei bis auf 27 Konstanten [10]. Wenn man den Schritt von der Hypothese, welche die mathematischen Physiker mit ihren Modellen und Gesetzen aufgestellt haben, zur physikalischen Realität schaffen will, dann müssen alle diese Konstanten experimentell bestimmt werden. Dies kann höchstens mit Hilfe der grossen Beschleuniger geschehen, und hier wartet auf die Experimentalphysiker noch viel Arbeit, wobei der Erfolg ungewiss bleibt.

<u>Masseinheiten und Eichnormale</u>
Als ich mit dem Studium der Physik begann, da stützte sich die Messtechnik auf Eichnormale, die im Bureau international des poids et des mesures in Paris aufbewahrt wurden. Die Grössenarten Länge, Zeit und Masse nannte man die Grundgrössenarten. Für die Grundgrössenart Länge ist der Meter (m) die Einheit. Er war festgelegt als der Abstand zweier Strichmarken auf einem Platin-Iridum-Balkens bei 0^0 C. Für die Masse von 1 kg gab es den Zylinder aus Platin-Iridum. Nur das Normal für die Zeit war schwieriger. Die Grundgrössenart Zeit wurde (und wird) in Sekunden (s) gemessen. Damals galt die heute als merkwürdig anmutende Definition:

Die mittlere Sonnenzeitsekunde s ist der 86 400. Teil eines mittleren Sonnentags. Der mittlere Sonnentag ist seinerseits wieder der 365.2442. Teil des tropischen Sonnenjahrs (Umlauf der Sonne von Frühlingspunkt zu Frühlingspunkt).[19]

Man hätte nun eine bessere Möglichkeit die Grundgrössenarten zu definieren, da man drei Grössen kennt, die aus den fundamentalen Naturkonstanten G, ħ und c abgeleitet wurden (vgl. Anhang). Es sind dies die Planck-Länge, die Planck-Zeit und die Planck-Masse. Man hätte zwar eine Definition, aber kein Eichnormal. Und geeichte Werte für die Länge, die Zeit und die Masse braucht man, um die Gravitationskonstante und die Lichtgeschwindigkeit zu bestimmen. Hier bahnt sich ein Zirkelschluss an.

Es ist nicht verwunderlich, dass man zuerst für die Festlegung der Sekunde eine andere Grösse als den mittleren Sonnentag suchte. Und man fand beim Caesiumisotop ^{133}Cs einen Übergang zwischen zwei Niveaus, mit dem die Normfrequenz festgelegt werden konnte (vgl. Anhang). Da diese im Mikrowellenbereich liegt, konnte sie als Taktgeber für Atomuhren verwendet werden, deren Realisation auf einer bekannten Technik beruht. Den Urmeter versuchte man zuerst durch die Wellenlänge eines beim Übergang im Krypton ausgestrahlten Lichts zu definieren. Dann aber, da die Sekunde genau festgelegt war, folgte die neue Definition: 1 Meter ist die Strecke, die das Licht im Vakuum in 1/299 792 458 Sekunden zurücklegt. Damit hat man zwar eine bessere Definition gewonnen, aber man hat kein besseres Eichmass.

Beim Kilogramm ist man bis jetzt nicht weiter gekommen. Auch hier sucht man nach einer Neudefinition[20]. Eine Möglichkeit, die studiert wird, wäre die Bestimmung des Kilogramms über die Masse einer definierten Anzahl von

---

[19] Im internationalen Einheitssystem (SI) kommen zu den Grundgrössen Meter, Kilogramm und Sekunde noch das Ampere für die Stromstärke, das Kelvin für die absolute Temperatur, das Mol für die Stoffmenge und das Candela für die Lichtstärke[Wi].

[20] Eine mögliche Definition geht vom Planckschen Wirkungsquantum aus, welches mit dem Wert $6.62606 \cdot 10^{-34}$ kg m^2 s^{-1} fixiert werden soll. Da Meter und Sekunde festgelegt sind, ist damit auch das Kilogramm bestimmt.

Atomen einer bestimmten Isotopenmischung. Damit hätte man nicht nur eine bessere Definition, man hätte auch eine Anleitung zur Herstellung eines Eichkilogramms, welches dann an verschiedenen Orten der Erde hergestellt und für präzise Messungen verwendet werden könnte.

Etwas kompliziert sieht die Definition des Amperes aus, mit dem man die Stromstärke misst. Immerhin ist es mit einer Anordnung von endlich langen Drähten möglich, eine Eichapparatur für ein Messinstrument zu bauen, welches dann mindestens in nullter Näherung exakt misst. Auch hier gibt es Pläne für eine Neudefinition. Gemäss einem Vorschlag könnte das Ampere durch den Fluss einer bestimmten Menge von Partikeln mit der Elementarladung definiert werden, welche pro Sekunde durch die Querschnittfläche eines Leiters fliesst. Für den elektrischen Widerstand wird man in Zukunft von der Klitzing-Konstante ausgehen, die aus dem Planckschen Wirkungsquantum und der Elementarladung berechnet werden und welche man bei tiefen Temperaturen aufgrund des Quanten-Halleffekts relativ einfach messen kann.

Mit diesem Abstecher zu den Masseinheiten und den Eichmöglichkeiten wollte ich zeigen, wie die Werte für die Naturkonstanten von Messungen und den zugrunde liegenden Definitionen abhängen. Dabei zieht man immer mehr die zu messenden Naturkonstanten zur Definition der Masseinheiten zu, die dann im Gegenzug wieder mit diesen Masseinheiten bestimmt werden. Es bleibt zu hoffen, dass durch diesen Iterationsvorgang die Messungen immer genauer und die Definitionen immer präziser werden.

<u>Wie konstant sind die Naturkonstanten?</u>
Die Entdeckungen und die Messungen der Naturkonstanten sind alle neueren Datums. Die Festlegung der Masseinheiten und deren Definition gehen auf die Zeit der Französischen Revolution zurück. 1790 erhielt die französische Akademie der Wissenschaften den Auftrag, ein einheitliches System von Massen und Gewichten zu entwerfen [Wi]. Dann wurde das bis heute verwendete Meter-Kilogramm-Sekunden-System eingeführt. Die gut 200 Jahre sind zwar eine kurze Zeitspanne. Trotzdem sind sie die Basis eines weiteren Glaubens-

satzes der Physik: ‚Die Naturkonstanten sind weder vom Ort oder der Zeit oder einer anderen Variablen abhängig!' Es gibt gute Gründe für die Annahme, dass dieser Glaubenssatz stimmt. Alle bisher durchgeführten Spektralanalysen von strahlenden Objekten im Weltraum haben gezeigt, dass die Materie all dieser Objekte aus den gleichen Elementen besteht, die wir auch auf der Erde finden. Es ist deshalb naheliegend, dass auch die Naturkonstanten weder vom Ort noch von der Zeit abhängen.

Allerdings gibt es auch erste Zweifel. Da ist zum Beispiel die Feinstrukturkonstante, welche die Stärke der elektromagnetischen Wechselwirkung angibt. Sie wurde 1916 von Arnold Sommerfeld zur Beschreibung der Aufspaltung von Spektrallinien eingeführt. Sie ist dimensionslos und hat den Wert von 1/137.[21] Und Feynman soll gesagt haben [Wi]: „*It has been a mystery ever since it was discovered more than fifty years ago, and all good theoretical physicists put this number up on their wall and worry about it.*" Einige Beobachtungen scheinen einen Hinweis zu geben, dass sich diese Konstante seit dem Urknall leicht verändert hat, andere aber widersprechen diesem Befund. In der Elementarteilchenphysik nimmt man an, dass die Feinstrukturkonstante energieabhängig ist[22] [9]. Falls diese sich zeitlich verändert hat, dann könnte es sein, dass sich entweder die Elementarladung, das Plancksche Wirkungsquantum oder die Lichtgeschwindigkeit verändert haben, da die Feinstrukturkonstante durch diese drei Grössen bestimmt ist (vgl. Anhang).

Ebenso kritisch kann man die Gravitationskonstante betrachten, die ja schwierig zu messen ist. Auch sie könnte nur die nullte Näherung in einer Funktion sein, die man mit einer Taylor-Entwicklung darstellen kann. Solange man die Dunkle Materie und die Dunkle Energie noch nicht versteht, ist eine solche Annahme zumindest nicht ganz abwegig. Sowohl eine energieabhängige Feinstrukturkonstante als auch eine energieabhängige oder zeitlich variable Gravitationskonstante müssten sich auf die Entwicklung des Universums auswirken. Kurz nach dem Urknall war die Energie sehr gross, und es ist

---

[21] Der exakt gemessene Wert beträgt $7.297\ 352\ 5698 * 10{-3} \approx 1/137.036$
[22] Bei der Masse des Z-Bosons soll die Feinstrukturkonstante 1/128 betragen.

anzunehmen, dass die fundamentalen Naturkonstanten andere Werte hatten. Es wäre eine interessante und lohnenswerte Aufgabe für junge mathematische Physiker, alternative Hypothesen und Modelle für die Zeit nach dem Big Bang aufzustellen. Auch für die nächste Generation ist die Physik noch nicht zu Ende.

Ausgangspunkt zu diesem Abschnitt waren zwei Gesetze, das Gravitationsgesetz und das Coulombsche Gesetz. Viele weitere Gesetzte sind gefunden oder postuliert worden. Und so kann man sich zum Abschluss fragen: ‚Was ist fundamentaler, die fundamentalen Konstanten oder die Naturgesetze?' – Henning Genz beschreibt, wie die Naturgesetze Wirklichkeit schaffen [12]. Da ich auf diese philosophische Frage keine Antwort weiss zitiere ich aus dem Büchlein von Joseph Klatzmann [19] ‚Jüdischer Witz und Humor', was die fünf berühmtesten Juden gesagt haben:

Der erste Jude, Moses, hat gesagt: „Alles ist Gesetz!"
Der zweite Jude, Jesus, hat gesagt: „Alles ist Liebe!"
Der dritte Jude, Marx, hat gesagt: „Alles ist Geld!"
Der vierte Jude, Freud, hat gesagt: „Alles ist Sex!"
Der fünfte Jude, Einstein, hat gesagt: „Aber alles ist relativ!"

5

Das Standardmodell der Elementarteilchen und Schrödingers Kätzchen

Denn eben wo Begriffe fehlen,
da stellt ein Wort zur rechten Zeit sich ein.
(J.W. Goethe: Faust I)

<u>Morphologie</u>
Als Begründer der Morphologie gilt der Astrophysiker Fritz Zwicky [44]. Er schreibt zum morphologischen Vorgehen: „*Dabei sollen alle wesentlichen Beziehungen zwischen Gegenständen, Naturerscheinungen (Phänomen) und Konzepte klar erschaut werden. …… Jedes aufgeworfene Problem und jeder Sachverhalt soll von verschiedenen Seiten angefasst werden. Dabei sollen die beiden kardinalen, aber einander diametral entgegengesetzten Wege eingeschlagen werden, von denen der erste, ausgehend von Einzelerkenntnissen, zu Verallgemeinerungen führt, während der zweite, viel schwierigere, aus allgemeinen Prinzipien alle aus ihnen ableitbaren Schlussfolgerungen zieht.*"

Das morphologische Vorgehen als Kreativitätstechnik arbeitet meist mit dem morphologischen Kasten. Dabei werden bestimmte Merkmale (Attribute, Aspekte, Dimensionen) in einer Spalte aufgelistet. Danach werden alle möglichen Ausprägungen oder Erscheinungsweisen in einer Zeile geschrieben, sodass eine Matrix entsteht. Danach kann die Matrix ausgefüllt werden, wobei eine Kombination der Aspekte mit den Ausprägungen entsteht. Zwei Fragen stellen sich dabei:

    1) Begnügt man sich mit einer limitierten Anzahl von Zeilen und Spalten, wodurch ein abgeschlossener Kasten entsteht, oder lässt man den Kasten offen für neue Erscheinungen?
    2) Müssten noch mehrere Dimensionen hinzugefügt werden?

Beim Standardmodell hat man sich offensichtlich für den abgeschlossenen Kasten in zwei Dimensionen entschieden.

Austausch-teilchen	Gluonen	Photonen	W- und Z-Bosonen	Gravitonen
Träger der:	Starken Kraft	Elektro-magn. Kraft	Schwachen Kraft	Gravitations-kraft
Wirken auf:	Quarks, Gluonen	Quarks, geladene Leptonen, W-Bosonen	Quarks, Leptonen	Alle Teilchen
Verantwort-lich für:	Zusammen-halt des Protons, Neutrons und der Atomkerne	Chemie Elektrizität Magnetis-mus	Radioaktivität, Prozesse in der Sonne	Zusammenhalt der Erde, Sonne, Planetensystem
Reichweite: (bildlich)		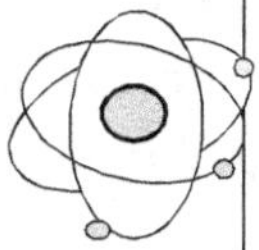	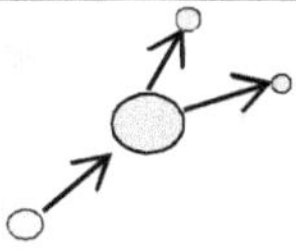	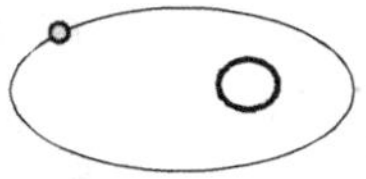

Abb. 4: Die vier Grundkräfte, ihre Austauschteilchen und ihre Reichweiten (nach H. Genz [11])

Folgende Kritik ist an dieser Darstellung anzubringen:
1) Erkenntnisse, die man in der Heisenberg-Welt mit Hilfe der grossen Beschleuniger gefunden hat, werden auf die anderen Welten (Newton- und Einstein-Welt) übertragen. Viele Effekte, wie zum Beispiel der Ferromagnetismus, können nicht auf die vier Kräfte zurückgeführt werden.
2) Die Darstellung suggeriert, dass es in der Welt nur die vier Kräfte geben würde. Dies ist in keiner Art und Weise bewiesen. Im untersuchten Bereich geht es auch nicht um Kräfte, sondern um Wechselwir-

kungen zwischen Teilchen. Das Wort Kraft ist deshalb besser durch Wechselwirkung zu ersetzen.

3) Morphologisch gesehen ist die Aussage des Standardmodells eine Konsequenz von verschiedenen quantendynamischen Theorien, die nur zum Teil durch Experimente bestätigt wurden. Auf der ersten Zeile müssten diese Theorien angegeben werden. Damit ist eine Forderung von Zwicky – alles von verschiedenen Seiten zu erfassen – nicht erfüllt.

4) Die Gravitationskraft könnte man weglassen, da sie bei den Vorgängen im atomaren oder subatomaren Bereich vernachlässigbar klein ist. Da man sich aber im Gebiet der Hochenergiephysik befindet, könnte die Gravitationskonstante Werte haben, die durchaus zu berücksichtigen wären. Dies sieht die Theorie aber nicht vor, sodass man sich hier wieder in einer nullten Näherung befindet.

In der nachfolgenden Tabelle habe ich versucht, einen offenen morphologischen Kasten zu zeichnen, der die kritisierten Punkte mindestens zum Teil berücksichtigt. Auf der Heisenberg-Seite habe ich die Higgs- und die Stringtheorie angefügt, von denen man nicht genau weiss, was man davon halten soll. Falls die Leserin oder der Leser mit dem Standardmodell nicht vertraut ist, dann sollte sie oder er sich nicht an den ungewohnten Bezeichnungen stören. Meistens handelt es sich um Gattungsnamen für reelle, virtuelle oder hypothetische Phänomene. Insbesondere sollte man sich hüten, unter dem Wort ‚Teilchen' etwas Bildhaftes wie zum Beispiel ein Kügelchen zu verstehen[23]. Die Einstein-Seite habe ich in der Tabelle weggelassen. Wie gesagt spielt sie in der Elementarteilchenphysik keine Rolle und das hypothetische ‚Graviton' wurde nur aus Schönheitsgründen hinzugefügt. Seine Existenz kann nicht bewiesen werden und es wird in Einsteins Gravitationstheorie nicht benötigt. An sich müsste man auf der Einstein-Seite nebst der Gravitationskraft auch die Dunkle Energie hinzufügen. Einige Physiker vermuten, dass in ihr eine weitere fundamentale Kraft vorhanden sei. Zudem ist es in der

---

[23] Eine Erläuterung findet man im Anhang (Glossar)

Kosmologie durchaus möglich, dass noch weitere fundamentale Kräfte und Wechselwirkungen entdeckt werden.

Theorie	Quanten-elektro-dynamik (QED)	Quanten-chromo-dynamik (QCD	Quanten-flavor-dynamik (QFD	Higgs-feld	String-theorie	???
Elementar-Teilchen	Quarks, geladene Leptonen.	Quarks,	Quarks, Leptonen	Teilchen mit Masse		
Austausch-Teilchen	Photonen	Gluonen	W- und Z-Bosonen	Higgs-Boson	??????	
Wechsel-Wirkung	Elektro-magnetisch	Starke Kraft	Schwache Kraft			
Bedeutung	Streuprozesse elektrisch geladener Teilchen	Aufbau von Protonen, Neutronen, Atome	Radio-Aktivität, Prozesse in der Sonne			

Abb.5 : Tabelle der Elementarteilchen, ihrer Austauschteilchen und Wechselwirkungen im atomaren und subatomaren Bereich.

<u>Der Weg zum Standardmodell</u>
1) Quantenmechanik

Ausgangspunkt für die dem Standardmodell grundlegenden Theorien ist die Quantenmechanik, wie sie in der ersten Hälfte des zwanzigsten Jahrhunderts entwickelt wurde. In Kapitel 2 wurden die grundlegenden Aussagen und Glaubenssätze der Quantentheorie bereits erwähnt. Hier sei nochmals an das Doppelspaltexperiment erinnert. Quantenmechanische Objekte, beispielsweise Photonen, Elektronen, Protonen oder Atome, werden durch zwei Spalte geschickt und auf einem dahinter befindlichen Schirm registriert. Bei klassischen Teilchen würden sich zwei Bereiche ergeben, als ob man mit einer Schrotflinte Teilchen durch die Spalte geschickt hätte. Tatsächlich entsteht aber ein Interferenzbild, wodurch sich die Wellennatur der quantenmechanischen Objekte zeigt.

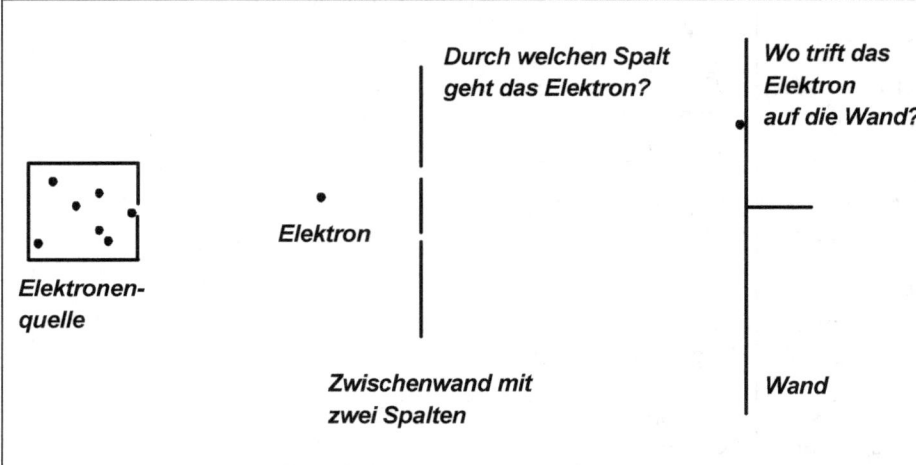

Abb. 6: Doppelspaltexperiment:

Sind beide Spalte offen, so entsteht das Interferenzmuster, welches für Wellen typisch ist. Ist nur ein Spalt offen, so geht die Interferenzerscheinung verloren und man erhält ein Bild, als ob man mit einer Schrotflinte schiessen würde.

Auch grössere Objekte, sofern sie vollständig identisch sind, zeigen dieses Verhalten, was Zeilinger [43] mit Fullerene[24] nachgewiesen hat. Heisenberg und Schrödinger haben dann die mathematischen Grundlagen für die Quantentheorie geschaffen. Heisenberg ging mehr vom Teilchenbild aus und entwickelte die Matrizenmechanik; Schrödinger ging vom Wellenbild aus und formulierte die Wellenmechanik. In einer später von Richard Feynman formu-

---

[24] Fullerene haben dieselbe Struktur wie ein Fussball, bei der an jeder Ecke eines Fünfecks ein Kohlenstoffatom sitzt. Ein solches Fullerenmolekül besteht aus sechzig Kohlenstoffatomen.

lierten Sichtweise geht man von der Vorstellung aus, dass ein quantenmechanisches Teilchen auf allen möglichen Pfaden von einem Ort zum anderen gelangen kann[25]. Alle drei mathematischen Ansätze führen zum selben Resultat und sind damit gleichwertig.

Eine wichtige Eigenschaft quantenmechanischer Teilchen ist die, dass sie einen Spin besitzen. Der Spin ist so etwas wie ein innerer Drehimpuls, aber auch hier sollte man sich nicht allzu sehr an einem Bild aus der klassischen Physik orientieren. Der Spin wird in Einheiten von $\hbar$ – dem Planckschen Wirkungsquantum – angegeben. Der Spin eines Teilchens kann aber nur halbzahlig oder ganzzahlig sein. Teilchen mit halbzahligem Spin heissen Fermionen, Teilchen mit ganzzahligem Spin Bosonen. Für die Fermionen gilt das Paulische Ausschlussprinzip; danach können nie mehrere Fermionen sich im exakt gleichen Quantenzustand befinden. Grosse Beachtung hat das Pauli-Prinzip bei der Erklärung des Periodensystems der Elemente erlangt. Zusammen mit dem Bohrschen Atommodell[26] bildet es eine wichtige Grundlage der Chemie [25]. Bei Bosonen gilt das Pauli-Prinzip nicht. Auch hier ist man versucht, von Glaubenssätzen zu sprechen. Die Heisenbergsche Unbestimmtheitsrelation und das Pauli-Prinzip haben auch in all den folgenden weiter entwickelten Theorien zur Quantenmechanik ihren Status als Glaubenssatz beibehalten.

2) Quantenelektrodynamik (QED)
Die Quantenelektrodynamik geht davon aus, dass Photonen und Elektronen Teilchen oder Partikel sind. Bei der Streuung von Elektronen werden dann zwei virtuelle Photonen ausgetauscht[27]. Allerdings ist die Herleitung der QED

---

[25] Die Aussage, die dahinter steckt, ist die, dass man die Bahn des Elektrons nicht kennt. Das Elektron ist überall und nirgends.
[26] Das Bohrsche Atommodell geht vom Bild des Atoms aus, bei welchem die negativen Elektronen um den positiv geladenen Kern kreisen, wobei nur bestimmte Bahnen erlaubt sind.
[27] Dieser Vorgang könnte sich aber auch auf ‚anderen Wegen' abspielen. Insbesondere sind die beim Streuprozess beteiligten Elektronen auch vertauschbar. Bei der genauen Rechnung müssen alle alternativen Wege berücksichtigt werden [6].

nur mit einem Trick, den man Renormierung nennt, gelungen. Der eingeschlagene Weg führt bei mathematisch korrekter Rechnung dazu, dass Elektronen eine unendliche Masse haben müssten. Feynman fand aber einen Ausweg, um die zugrunde liegenden Überlegungen an die Realität anzupassen. Er forderte, dass der Abstand der Elektronen beim Photonenaustausch nicht Null werden darf. Dann kann die errechnete Masse auf die experimentell gemessene Masse abgestimmt werden[28].

Man könnte nun sagen, die Quantenelektrodynamik sei eine lausige Theorie, wie dies Unzicker sieht [37]. Ich sehe das anders. Für mich gehört sie in die gleiche Kategorie wie die Newtonschen Axiome der Mechanik oder die Maxwell-Theorie der klassischen Elektrodynamik. Maxwell hat sich auf mechanische Modelle gestützt und hat mit dieser Brücke seine Gesetze gefunden. Auch bei Feynman sollte man den Weg vergessen und seinen Aussagen für das von ihm angesprochene Fachgebiet den Status von Axiomen zubilligen. Eine Theorie ist eine gute oder nützliche Theorie, wenn sie präzise Voraussagen machen kann, die experimentell bestätigt werden können. Und dies ist bei der Quantenelektrodynamik der Fall: ‚quod erat demonstrandum'[29].

Mit der QED haben wir nun freie oder reelle Photonen mit einer Energie und einem Impuls, wie man sie aus der Beschreibung des lichtelektrischen Effektes in der Photozelle kennt, und Photonen, die von Elektronen emittiert und absorbiert werden, die virtuellen Charakter haben und eine beliebige Energie und Geschwindigkeit besitzen. Dies führt gerne zu Verwirrungen, wenn man die Alltagssprache benutzt.

Grosse Beliebtheit haben diese Vorgänge durch die bildliche Darstellung erlangt, die man als Feynman-Diagramme bezeichnet, und die auch auf anderen Gebieten erfolgreich eingesetzt werden. Oft sagen Bilder mehr als viele

---

[28] Es besteht die Vermutung, dass hinter dem Normierungsvorgang ein physikalisches Prinzip wie z.B. das Pauli-Prinzip steht oder dass sich die Elektronen zu einem Cooper-Paar verbinden.
[29] ‚was zu beweisen war' (Schlusssatz unter einem mathematischen Beweis).

Worte. Dazu macht A. Wüthrich folgende Aussage: „*Die Suche nach einem Modell, das die Natur eins zu eins wiedergibt, ist ein undurchführbares Unterfangen und letztlich auch gar nicht das angestrebte Ziel. Vielmehr geht es in der Wissenschaft in erster Linie darum, in bestimmter Hinsicht relevante Aspekte eines Phänomene zu erfassen; und genau dazu leisten Feynman-Diagramme in der Teilchenphysik seit über sechzig Jahren einen wichtigen Beitrag (p. 244 in [7]).*"

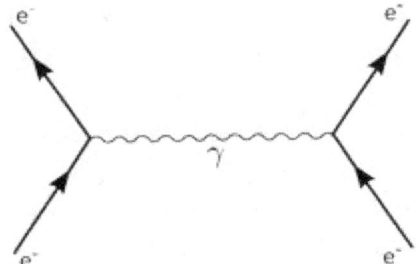

Abb. 7: Feynman-Diagramm für die Streuung zweier Elektronen (Photonen werden ausgetauscht)

3) Quantenchromodynamik (QCD)

Wann ist ein Teilchen ein Elementarteilchen? Die heutige Antwort lautet: Wenn das Teilchen keine innere Struktur besitzt. Beim Elektron kennt man keine innere Struktur, also ist es ein Elementarteilchen! Beim Proton sieht das anders aus. Gell-Mann hat das vermutet und dazu eine Theorie aufgestellt, und Streuexperimente haben gezeigt, dass das Proton, wie auch das Neutron, eine innere Struktur besitzen müssen. Die im Innern befindlichen Teilchen bewirken, dass sowohl Proton wie Neutron einen Spin ½ erhalten und dass das Proton positiv geladen ist, das Neutron aber keine Ladung besitzt. Bereits daraus folgt, dass die im Innern eine ungerade Anzahl von Elementarteilchen – Gell-Mann nannte sie Quarks – vorhanden sein müssen.

Gemäss diesem Modell gibt es im Innern drei Quarks mit Spin ½, wobei es zwei Arten von Quarks gibt. Das ‚up Quark' hat die Ladung 2/3 der Elementarladung, das ‚down Quark' von -1/3. Das Proton besteht aus zwei ‚ups' und einem ‚down', das Neutron aus einem ‚up' und zwei ‚down'. Und da man in der Quantenelektrodynamik mit den Austauschteilchen erfolgreich war, ist es naheliegend, dass auch hier ein Austauschteilchen vorhanden sein muss, welches man Gluon nennt. Die Quantenchromdynamik QCD ist also die Theorie der Wechselwirkung zwischen Quarks und Gluonen, und da diese sehr stark ist, nennt man sie die starke Kraft.

Aus der Theorie ergeben sich aber zwei Probleme. Wenn im Innern des Protons weiterhin das Pauli-Prinzip gilt, dann braucht es eine neue Quantenzahl. Und nach einem Vorschlag von Fritzsch hat man sie mit Farbe bezeichnet [10]: Es gibt, wie beim Fernseher, ein rotes, ein blaues und ein grünes Quark. Chromos bedeutet Farbe und hier wird sie in der Quantenchromodynamik postuliert[30]. Das zweite Problem besteht darin, dass Quarks ausserhalb des Kerns nicht existieren können. Somit kann die Anziehungskraft der starken Wechselwirkung und die damit verbundenen Naturkonstanten nicht experimentell bestimmt werden. Man muss deshalb Indizienbeweise liefern, damit man etwas zur Existenz der Quarks und Gluonen sagen kann. Dies geschieht mit Hilfe der grossen Beschleuniger, wobei man nach dem Beschuss von Atomen oder Kernteilchen die Spuren auswertet, welche die Quarks und Gluonen hinterlassen haben könnten. Aus der Kriminalistik weiss man aber, dass Spuren auch falsch interpretieren werden können oder dass man nicht alle Spuren sorgfältig auswertet. Die eindeutige Identifizierung des Täters ist dann nicht möglich und schon manchmal hat es einen Justizirrtum gegeben. Damit bleibt die Quantenchromodynamik eine hypothetische Theorie, auch wenn man ihr eine hohe Wahrscheinlichkeit zubilligen muss. Dies veranlasst mich, hier eine kleine Geschichte einzuschieben:

Die Geschichte von Schrödingers Kätzchen.

Herr Schrödinger wohnt in einem Häuschen mit einem schönen Vorgarten. Er hat auch eine Katze, die aber gerne herumstreunt. Oft treibt sie sich in Nachbarsgarten mit dem Kater von Herrn Cerny herum. Herr Schrödinger ärgert sich, dass dieser Nachbar auch seine Katze füttert und so ist es schon oft zu Streit gekommen.

---

[30] Auch hier darf man sich bildlich nichts vorstellen; es handelt sich lediglich um einen Namen.

Schrödingers Katze ist nicht kastriert, und als sie trächtig wurde, schlich sie in Heisenbergs Garten, wo sie sechs Junge zur Welt brachte. Sie versteckte sie in zwei gut gepolsterten, sicheren Nestchen, in einem Proton und in einem Neutron. Als die Katzenmutter kurz darauf zu Hause nach Essen suchte, packte sie Herr Schrödinger und sperrte sie in eine Kiste. Er baute eine Höllenmaschine, die er im Kasten anbrachte, und stellte den Kasten samt Katze in seinen Garten.

Abb. 8: Schrödingers Kätzchen

Schrödingers Kätzchen sind in zwei Kästen eingesperrt:
Drei (zwei weibliche und ein männliches Jungtier) sind in einem Proton,
drei (zwei männliche und ein weibliches) sind in einem Neutron gefangen.
Sind sie lebendig, tot oder verschmiert?
Man weiss es nicht, wenn man die Kästen nicht aufbricht.

Um Herrn Cerny zu ärgern, fragte er ihn, ob die Katze in der Kiste nun tot oder lebendig oder eventuell gar verschmiert sei? – Cerny wusste keine Antwort; er wusste aber dass Schrödingers Katze irgendwo Junge geworfen hatte. Er nahm seine Flinte und suchte überall, zuletzt auch in Heisenbergs Garten. Dort entdeckte er zwei gut verschlossene Kästen, die Heisenberg mit Proton und Neutron angeschrieben hatte. Herr Cerny meinte, er höre ein leises Wimmern, wie man das von jungen Katzen kennt. Er probierte die Kästen zu öffnen, was ihm aber nicht gelang. Da nahm er seine Flinte und er versuchte, die Kästen mit Schüssen aufzusprengen. Damit hatte er Erfolg, und er sah für einen kurzen Moment drei Kätzchen im Proton und drei im Neutron, wobei jedes der Kätzchen ein andersfarbiges Fell hatte. Dann waren die Kätzchen verschwunden. Er sah nur noch einige Spuren, anhand derer er nun Schrödinger beweisen wollte, dass in den Kästen junge Kätzchen waren, die Schrödingers Katze geworfen hatte. Dieser aber sagte: „Waren die Kätzchen, bevor Sie die Kästen aufgeschossen haben, tot oder lebendig oder waren sie verschmiert? Wenn Sie mir diese Frage nicht beantworten können, dann glaube ich Ihre Katzengeschichte nicht!" Und Cerny wusste wieder keine Antwort.

4) Quantenflavordynamik (QFD)

Die Quantenflavordynamik (QFD) ist die Theorie der elektroschwachen Wechselwirkung des Standardmodells. Die bekannte Quizfrage lautet: ‚Wieso heisst es ‚schwache Wechselwirkung', weil die Kräfte schwach sind, oder weil die Theorie schwach ist?' – Eine Antwort kann jeder selbst geben. Ausgangspunkt ist der radioaktive Zerfall, den man seit Beginn des zwanzigsten Jahrhunderts kennt. Namen wie Becquerel, Pierre und Marie Curie bleiben dabei unvergesslich. Man wusste, was ausserhalb der Atome passierte. Nun will man aber wissen, welche Vorgänge innerhalb der Atome und des Atomkerns ablaufen. Und da man mit der Quantenchromodynamik mehr oder weniger erfolgreich war, versuchte man mit ähnlichen Ansätzen zum Erfolg zu kommen. Bei der QCD trugen die Quarks – oder Schrödingers Kätzchen – Farben, bei der QFD haben sie einen Flavor, zu Deutsch einen Geschmack. Es gibt Kätzchen, die gut riechen, die heissen ‚charme', andere, die stinken, die heissen ‚strange'. Wieder andere Quarks heissen ‚beauty' und ‚truth'. Anstatt Gluonen wirken nun W- und Z-Bosonen, mit denen man den Zerfall der Mesonen, die man auch aus der kosmischen Strahlung kennt, erklärt. Einige Mesonen zerfallen in ein Myon und ein zu diesem Myon gehörendes Neutrino, andere in ein Tauon und ein weiteres Neutrino. Myon und Tauon sind so etwas wie schwerere Elektronen. Um Ordnung in das System zu bringen, hat man Familien definiert. Aus der QCD stammt die erste Familie, wie man in der nachfolgenden Tabelle sieht. Die QFD hat zwei weitere Familien hinzugefügt, wobei die sogenannten Leptonen – Teilchen die nicht der starken Wechselwirkung unterworfen sind – für den Familiennamen stehen. Man kann sich fragen, ob es noch weitere Leptonen gibt[31]. Das griechische Alphabet hat ja noch viele Buchstaben. Vielleicht hat man nur noch nicht intensiv danach gesucht oder gefundene Spuren als unwichtig beiseitegeschoben. Wenn man lange genug sucht, findet man sicher noch die grosse Unbekannte, das ‚Ypsilon y'! Dann braucht es weitere schöne Namen für die Quarks.

	Quarks		Austausch-teilchen	Leptonen	
QCD e	up	down	Gluon	Elektron	Elektron-Neutrino
QFD µ	charm	strange	W- und Z-Boson	Myon	Myon-Neutrino
QFD τ	beauty	truth	W- und Z-Boson	Tauon	Tauon-Neutrino
QFD ?					
QFD ?					
QFD Y				Ypsilon	Ypsilon-Neutrino

Abb. 9: Familien der Quarks, Austauschteilchen und Leptonen

<u>Die grossen Beschleuniger</u>

Die Pyramiden in Gizeh galten in der Antike als eines der Weltwunder. Wie konnte von Menschenhand ein solches Bauwerk geschaffen werden? – Ähnliches kann man vom bisherigen Large Electron Positron Collider LEP und

---

[31] Theoretiker geben eine Begründung, warum es nur drei Familien geben darf. Allerdings könnte die weitere Erforschung der Neutrinos das Standardmodell ins Wanken bringen.

dem heutigen Large Hadron Collider (LHC) des CERNs sagen. Und wie bei den Pyramiden mag man sich fragen, was grösser war, das Bauwerk oder das Innere, welches man in den Pyramiden gefunden hatte. Dort waren es Hieroglyphen, die man mit akribischer Arbeit entziffern konnte, und Mumien, nebst einigen Grabschätzen. Hier sind es Spuren von Teilchen, die es, wie bei den Hieroglyphen, zu interpretieren gilt; neue Grabschätze hat man bisher nicht gefunden. Der Bau eines solchen Beschleunigers hat ein Maximum von allen Beteiligten, den Mitarbeitern im CERN und den Unterlieferanten, abverlangt. Man denke etwa an die Anforderungen an die Bauingenieure, an die Kältetechnik, die supraleitenden Magnete oder an die Vakuumtechnik. Industrien, die hier beigezogen wurden, haben sicher viele Impulse für ihre Forschung und Entwicklung erhalten. Ob aber die Resultate, die man durch die Experimente am CERN zu erhalten hofft, die Welt oder das Verständnis der Welt verändern wird, bleibt offen. Der CERN, oder ihr Mitarbeiter Tim Berner-Lee, hat aber bereits die Welt verändert durch die Entwicklung des ‚world wide web'. Der indirekte Nutzen ist wohl grösser als der direkte.

Der Grund für den Bau immer grösserer Beschleuniger liegt darin, dass man immer grössere Energien und Impulse von beschleunigten Teilchen braucht, je kleiner die Strukturen sind, die man untersuchen will. Dies ist eine Konsequenz der Heisenbergschen Unbestimmtheitsrelation und man täte gut daran, wenn man die weiteren Aussagen von Heisenberg berücksichtigen würde. Um das Higgs-Boson zu finden, braucht es Energien von etwa 7 TeV[32], die bisher nur mit dem LHC errricht wurden. Die Messung der Teilchen, die nach der Kollision davon fliegen, erfolgt mit Nachweisgeräten, deren Effizienz im Laufe der Zeit immer wieder gesteigert wurde [10]. Früher behalf man sich mit Nebel- und Funkenkammern. Heute werden kompliziertere Nachweisgeräte eingesetzt, wobei die Spuren der Teilchen mit Computern aufgezeichnet und weiterverarbeitet werden. Die Auswertung ist so kompliziert geworden, dass verschiedene Computer im Verbund arbeiten müssen[33]. Man kann also

---

[32] 1 Tera-Elektronen-Volt entspricht 10^{12} Elektronen-Volt
[33] Am 4. Juli 2012 veröffentlichte das CERN Ergebnisse, wonach ein Teilchen mit einer Masse von 125-127 GeV/c^2 gefunden wurde, wobei es sich um das Higgs-

die Teilchenkollision nicht mehr direkt beobachten und man hat so jede Anschaulichkeit verloren. Zum Trost kann man sagen, dass auch die Theorien, die man beweisen will, nichts mehr mit Anschaulichkeit zu tun haben. Dies führt zu der Frage, ob eine Theorie nur beobachtbare Grössen enthalten sollte. Dazu ein Beitrag aus einer Grundsatzdiskussion zwischen Einstein und Heisenberg [16]:

Einstein: „Was Sie uns da erzählen, klingt ja sehr ungewöhnlich. Sie nehmen an, dass es Elektronen im Atom gibt, und darin werden Sie sicher recht haben. Aber die Bahnen der Elektronen im Atom, die wollen Sie ganz abschaffen, obwohl man doch die Bahnen der Elektronen in einer Nebelkammer unmittelbar sehen kann. Können Sie mir die Gründe für diese merkwürdigen Annahmen etwas genauer erklären?" – *„Die Bahnen der Elektronen im Atom kann man nicht beobachten", habe ich [Heisenberg] wohl erwidert, „aber aus der Strahlung, die von einem Atom bei einem Entladungsvorgang ausgesandt wird, kann man doch unmittelbar auf Schwingungsfrequenzen und die zugehörigen Amplituden der Elektronen im Atom schliessen. ..... Da es aber doch vernünftiger ist, in eine Theorie nur die Grössen aufzunehmen, die beobachtet werden können, schien es mir naturgemäss, nur diese Gesamtheiten, sozusagen als Repräsentanten der Elektronenbahnen, einzuführen."* – *„Aber Sie glauben doch nicht im Ernst", entgegnete Einstein, „dass man in eine Theorie nur beobachtbare Grössen aufnehmen kann."* – *„Ich dachte", fragte ich erstaunt, „dass gerade Sie diesen Gedanken zur Grundlage Ihrer Relativitätstheorie gemacht hätten? Sie hatten doch betont, dass man nicht von absoluter Zeit reden dürfe, da man diese absolute Zeit nicht beobachten kann. Nur die Angaben der Uhren, sei es im bewegten oder im ruhenden Bezugssystem, sind für die Bestimmung der Zeit massgebend."* – *„Vielleicht habe ich diese Art von Philosophie benützt", antwortete Einstein, „aber sie ist trotzdem Unsinn. .... „aber vom prinzipiellen Standpunkt aus ist es ganz falsch, eine Theorie nur auf beobachtbare Grössen gründen zu wollen." .... „Erst die Theorie entscheidet darüber, was man beobachten kann!"* – Die Diskussion ging dann weiter und auf den philosophischen Gehalt soll hier nicht eingegangen werden.

Ganz offensichtlich folgen die Teilchenphysiker der Argumentation von Einstein. In ihrer Theorie hat es viele nicht beobachtbare Grössen. Die ganze

---

Boson handeln könnte. Dies wäre ein starker Beweis für die Existenz des Higgsfeldes, welches im ganzen Universum gegenwärtig sein soll.

Problematik liegt aber in der letzten Aussage von Einstein. Sie verführt dazu, nur nach solchen Grössen zu suchen, die die Theorie voraussagt, und andere Grössen oder Beobachtungen, die nicht der Theorie entsprechen, herauszufiltern. Damit wird die Theorie zu einer sich selbst erfüllenden Prophezeiung. Das Herausfiltern übernehmen nun die Auswertungscomputer, wobei wahrscheinlich niemand mehr den Überblick hat, was die einzelnen Computer im grossen Verbund analysieren. Nachprüfen kann ein neutraler Dritter das sicher nicht [38]. Interessant an diesem Gespräch ist auch die Kehrtwende von Einstein. Zuerst stützt er sich auf die Beobachtbarkeit der Elektronenbahnen als Argument, nachher kontert er mit gegenteiligen Überlegungen. Dies ist zwar nicht konsequent, macht aber Einstein menschlich sympathisch. Einstein wehrte sich eben mit allen Mitteln gegen die Erkenntnisse der Quantenmechanik. Nach Heisenberg sieht man keine Elektronenbahnen. Man sieht nur Spuren. Was das Elektron tut, nachdem es ein Tröpfchen in der Nebelkammer getrübt hat, bis es dies wieder bei einem anderen Tröpfchen tut, weiss man nicht.

Bei den Experimenten und Messungen mit den grossen Beschleunigern ist Folgendes zu bedenken:
- Sowohl der Beschleuniger selbst wie auch die Auswertungsapparatur und die dazu gehörigen Computer sind Teil der gewählten Messapparatur. Sie sagen also nicht aus, wie die Natur an sich ist, sie sagen nur aus, was passiert, wenn man mit hohen Energien Experimente ausführt.
- Eine Übertragung der gefundenen Resultate auf Atome und Kerne, die nicht mit hohen Energien beschossen wurden – die man zum Beispiel bei der Umgebungstemperatur beobachtet – ist streng genommen nicht zulässig. Die Resultate sind höchstens gut für eine nullte Näherung.
- Die Theorie verführt, wie vorher erwähnt, zu selbsterfüllenden Prophezeihungen.
- Es ist unbewiesen, dass sowohl Naturgesetze als auch Naturkonstanten, die bei hohen Energien gefunden wurden, auch bei niedrigen

Energien gelten. Es besteht die starke Vermutung, dass einige Naturkonstanten energieabhängig sind. Trotz dieser erlaubten Zweifel – man könnte auch von Kritik sprechen – muss man aber die grossen Leistungen der Experimentalphysiker und der Ingenieur-Physiker am CERN bewundern, auch wenn sie auf die gemeine Frage von Schrödinger zu seinen Kätzchen keine Antwort geben konnten.

Die grosse vereinheitlichte Theorie

Mit der grossen vereinheitlichten Theorie bezeichnet man die Theorie, welche die drei Q-Theorien – die Quantenelektrodynamik, die Quantenchromodynamik und die Quantenflavordynamik – zu einer einzigen Theorie vereinigt. Eigentlich müsste man auch die vierte Kraft, die Gravitation vereinigen können, damit man eine Weltformel hätte. Dann hätte man die ‚theory of everything'. Allerdings fehlt der vereinheitlichten Theorie die physikalische Basis, da sowohl QCD als auch QFD experimentell zu wenig abgestützt sind. Es ist zwar begreiflich, dass der morphologische Kasten des Standardmodells für Theoretiker nicht befriedigend ist. Da wäre es besser, wenn man alles aus einer Theorie ableiten könnte. Es ist bewundernswert, mit welchem mathematischen Können an topologischen Räumen und Supersymmetrien gearbeitet wird; physikalisch bleibt aber alles im Bereich der Spekulation. Auch der Bau von überdimensionierten Beschleunigern, mit denen eine bessere Ausgangsbasis gefunden werden könnte, wird wohl ein Wunschtraum bleiben. Wenn man eine solche Theorie hätte, dann könnte man nicht nur auf den morphologischen Kasten des Standardmodells verzichten; auch der andere morphologische Kasten, das System aller möglichen Erfindungen, welches Dürrenmatt [4] ins Zentrum seiner Komödie ‚Die Physiker' gestellt hat, wäre dann ableitbar. Hier zeigt sich aber eine grosse Kluft zwischen den heutigen theoretischen Physiker, die ‚l'art pour l'art' betreiben, und den Physikern bei Dürrenmatt, wo es um politische Auseinandersetzungen und Macht geht. Erfindungen können ausgenutzt und zu einem Machtvorteil werden, Theorien nicht. Sowohl Fritzsch [10] wie Dürrenmatt lassen Newton und Einstein auftreten; beim ersten sind sie gelehrige Schüler, beim zweiten Funktionäre eines Machtapparats. Und zum Schluss wird bei Dürrenmatt die Welt durch eine verrückte Irrenärztin regiert. Die Teilchenphysiker hingegen, so scheint es, haben die Ermahnungen der Mephistopheles[34], die er dem Schüler gegeben hat, ernst genommen und haben viele Worte und Namen kreiert. Mit dieser Szene aus Goethes Faust soll dieser Abschnitt beendet werden.

MEPHISTOPHELES
Der Philosoph der tritt herein
Und beweist Euch, es müsst so sein:
Das Erst wär so, das Zweite so,
Und wenn das Erst und Zweit nicht wär,
Das Dritt und Viert wär nimmermehr.
…………………..
Nachher von allen Sachen,
Müsst Ihr Euch an die Metaphysik machen!
Da steht, dass Ihr tiefsinnig fasst,
Was in des Menschen Hirn nicht passt!
…………………..
Im Ganzen: haltet Euch an Worte!
Dann geht Ihr durch die sichre Pforte
Zum Tempel der Gewissheit ein.

SCHÜLER
Doch ein Begriff muss bei dem Worte sein.

MEPHISTOPHELES
Schon gut! Nur muss man
sich nicht zu ängstlich quälen;
Denn eben, wo Begriffe fehlen,
Da stellt ein Wort zur rechten Zeit sich ein

Mit Worten lässt sich trefflich streiten,
Mit Worten ein System bereiten.
An Worte lässt sich trefflich glauben,
Von einem Wort lässt sich kein Jota rauben
…………………..
SCHÜLER *(liest im Stammbuch, in a*
Mephisto geschrieben hat)

Eritis sicut Deus,
scientes bonum et malum.[35]

---

[34] Name des Teufels in Goethes Faust
[35] Ihr werdet sein wie Gott, und ihr erkennt das Gute und Böse.

6

Die unverstandene Dunkle Energie

Nacht muss es sein, wo Friedlands Sterne strahlen.
(F. Schiller: Wallensteins Tod)

Der Nobelpreis für Physik 2011
Wallenstein hat kurz vor seinem Tod zwei gewichtige Aussagen gemacht: Die erste kann physikalisch beantwortet werden: ‚Warum ist der Himmel in der Nacht dunkel?' – Die Antwort lautet: ‚Wir können nur eine beschränkte Zeit in die Vergangenheit zurück blicken. Und in unserer Sichtlinie befindet sich dann nicht überall ein leuchtender Stern.[36]' Die zweite Aussage ist viel schwieriger und vielleicht gar nicht zu beantworten: ‚Für wen leuchten die Sterne?' – Das Weltbild der Astrologie geht davon aus, dass der Mensch im Zentrum steht. Der Himmel hat für jeden Menschen eine ganz persönliche Botschaft, und man kann mit einem Horoskop versuchen, diese Botschaft zu entschlüsseln. In diesem Weltbild mussten die Planeten und Sterne göttliche Wesen sein, die unser Schicksal bestimmen. Später, als man nicht mehr an die antiken Götter glaubte, konnte es nur eine Botschaft von Gott sein, der alles vorher bestimmt hat und uns dies durch die Sterne mitteilen wollte. Und bis heute hat diese Weltsicht eine grosse Schar von Anhängern.

Demgegenüber war die im ptolemäischen Weltbild vorherrschende Auffassung schon ziemlich wissenschaftlich. Nicht mehr der einzelne Mensch steht im Zentrum; im Zentrum steht die Erde, und die Planeten und Sterne bewegen sich um die Erde. Als dann mit Kopernikus das heliozentrische Weltbild – bei dem die Sonne im Zentrum stand – immer mehr Anhänger gewann, glaubte man zuerst, dies sei nur eine bessere Methode um den Lauf der Sterne zu berechnen. Genauere Voraussagen als mit dem ptolemäischen System gab es lange nicht, und das neue Weltbild widersprach dem gesunden Menschen-

---

[36] Es ist nachts dunkel, weil Licht sich nur mit Lichtgeschwindigkeit ausbreitet und seit dem Urknall erst etwa 14 Milliarden Jahre vergangen sind.

verstand [35]. Man sah die Sonne auf- und untergehen. Hätte sich die Erde bewegt, so hätte es einen Wind gegeben, den man gespürt hätte. Erst durch bessere Beobachtungsmethoden konnte sich das neue Weltbild durchsetzen. Es brauchte zudem ein grundlegend neues physikalisches Verständnis, welches Galilei mit seinem Relativitätsprinzip aufstellte. Danach kann man in einem mit gleichmässiger Geschwindigkeit fahrenden Schiff aufgrund physikalischer Beobachtungen nicht entscheiden, ob das Schiff fährt oder sich in Ruhe befindet. Mit dem Gravitationsgesetz nach Newton gelang es dann, eine Theorie zu entwickeln, mit der sich die Planetenbahnen berechnen liessen. Dieser Wissensstand überdauerte einige Jahrhunderte, bis Einstein eine allgemeinere Formulierung des Relativitätsprinzips postulierte. Dies ist Einsteins Äquivalenzprinzip: Überprüft man die Naturgesetze, dann findet man sowohl in Beschleunigungsfeldern als auch in Gravitationsfeldern dieselben Gesetzmässigkeiten. Und als Konsequenz daraus: Die Sonne steht nicht im Zentrum des Universums. Jeder andere Ort ist dazu gleichwertig. Zuerst stand der Mensch im Zentrum, dann die Erde, später die Sonne und nun gibt es kein Zentrum des Universums mehr!

Bis vor wenigen Jahren galten die folgenden Glaubenssätze als unverrückbar:
1. *Alle Phänomene in der Natur können durch Gesetze beschrieben werden.*
2. *Alle fundamentalen Gesetze der Natur sind bekannt; es sind dies die Wechselwirkungsgesetze (Starke Kraft, Elektromagnetische Kraft, Schwache Kraft und Gravitationskraft).*
3. *Im beobachtbaren Teil des Universums können alle Vorgänge mit der Gravitation erklärt werden.*
4. *Die Allgemeine Relativitätstheorie, wie sie von Einstein formuliert wurde, ist die theoretische Grundlage für alle diese Vorgänge.*

Mit diesen Glaubenssätzen sollte man den ganzen Kosmos und seine zeitliche Entwicklung erklären können. Genau dies wollten die Kosmologen Saul Perlmutter, Adam Riess und Brian Schmidt durch Beobachtungen an den Supernovae beweisen. Was aber herauskam, war gerade das Gegenteil: Das Universum – oder der Raum – expandiert weiter, und es expandiert beschleunigt weiter. Für diese Beobachtung erhielten sie 2011 den Nobelpreis für Physik. Nur niemand wusste, warum dies so ist. Und man erfand dafür einen Namen: Dunkle Energie! Damit wollte man wohl eine Brücke zu den Glaubenssätzen 1) und 2) bauen. Die Dunkle Energie muss auf etwas Bekanntes zurückgeführt werden können.

Persönlich hätte ich vorgezogen, wenn man anstatt von Dunkler Energie vom Impetus gesprochen hätte, den es im Weltall gibt. Im Mittelalter war William Ockham ein Vertreter der Impetus Theorie. Danach hätten die Planeten und alle Sterne bei der Schöpfung einen Impetus erhalten, den sie nun für ihre Himmelsbewegungen brauchen. Damit stellte er sich gegen Thomas von Aquin, der davon ausging, dass ganze Engelscharen für die Bewegungen am Himmel sorgen würden. Ockham war ein kritischer Geist, und bis heute ist sein Rasiermesser bekannt. Danach ist bei verschiedenen konkurrierenden Theorien wahrscheinlich die richtig, die von weniger Annahmen ausgeht. Und an das sollten sich alle Kosmologen erinnern, wenn sie zu grossen Erklärungsversuchen für die Entstehung des Universums und für die Natur der Dunklen Energie ansetzen.

Die Urknall–Hypothese

Als Albert Einstein 1915 seine Allgemeine Relativitätstheorie veröffentlichte, da ging es ihm zuerst darum, seinen Überlegungen zur Schwerkraft ein mathematisches Gewand zu geben. Diese neue Gravitationstheorie wandte dann Einstein auf das ganze Universum an [35]. Allerdings handelte er sich dabei ein Problem ein: Die Anziehungskräfte der Gravitation müssten dazu führen, dass das Universum in sich zusammen fallen würde. Zu der Zeit war man überzeugt, dass das Universum statisch sein musste und dass es ewig existieren würde. Da half nur ein Trick, wie er bei der Lösung von Differenzialgleichungen erlaubt ist; es brauchte eine Konstante, die kosmologische Konstante.

Die Einstein-Gleichung liess aber auch andere Lösungen zu. Lemaître fand eine Lösung, bei der man auf die kosmologische Konstante verzichten konnte.

Ein solches Universum musste aber dynamisch sein. Und als Hubble 1929 aufgrund von Beobachtungen zeigen konnte, dass das Weltall expandiert, da war die Urknall–Hypothese die beste Erklärung. Einstein musste nach längerem Zögern seine Auffassung revidieren, und er nannte dann die Einführung der kosmologischen Konstanten seine grösste Eselei. Einsteins Theorie geht davon aus, dass Raum, Zeit und Materie miteinander verknüpft seien und in dieser Theorie spricht man dann von der Raumzeit. Man kann damit den Ort nicht angeben, an dem der Urknall stattfand. Umso erstaunlicher ist es, dass man in dem heute vorherrschenden Standardmodell der Kosmologie eine relativ genaue Angabe macht, wann der Urknall oder der Big Bang stattgefunden haben sollte. Die Zeit hat also doch eine bevorzugte Stellung. Bei vielen Aussagen zum Universum – oder gar zum Multiversum – muss man sich wieder der Umgangssprache bedienen, und man nennt Ort und Zeit, obwohl das nicht ganz lupenrein ist.

Mit immer neueren und besseren Teleskopen gelang der Blick zurück in die Vergangenheit des Universums immer besser. Als Penzia und Wilson im Mikrowellenbereich die kosmische Hintergrundstrahlung entdeckten, da gab es keinen Zweifel mehr an der Urknall-Hypothese. Man nimmt heute an, dass diese Hintergrundstrahlung etwa 380 000 Jahre nach dem Urknall entstand. Weiter zurück blicken kann man auch mit den besten Satelliten-Teleskopen nicht. Was vorher geschah, ist also reine Spekulation. Das Standardmodell hat aber dazu ein Szenario entwickelt, wobei vor allem Überlegungen aus der Teilchenphysik herangezogen wurde; das tönt nun so plausibel, dass es viele für richtig halten. Man konnte dazu auch Computersimulationen bauen, die dann den Eindruck erwecken, genau so müsste es gewesen sein. Wenn R.D. Precht mit seinem Sohn Oskar das Naturkundemuseum in Berlin besucht [26], da kommt selbst der sonst skeptische Precht nicht aus dem Staunen heraus. Früher gab es den Satz: ‚Traue keiner Statistik, die du nicht selbst gefälscht hast!', heute sollte man sagen: ‚Trau keiner Computersimulation, die du nicht selbst manipuliert hast!' Spekulation bleibt Spekulation, auch wenn sie noch so überzeugend daher kommt.

Nun ist die Einstein-Welt wieder ins Schwanken gekommen. Gemäss heutigen Vorstellungen beträgt der Anteil der sichtbaren Materie 5%, der Anteil der Dunklen Materie 25% und der Rest von 70% ist Dunkle Energie [24]. Die Einstein-Gleichungen decken damit höchstens 30% des Kosmos ab, der Rest ist unbekannt. Kosmologisch gesprochen ist die Theorie Einsteins also nur eine nullte Näherung. Nun hat man sich schnell an Einsteins Eselei erinnert und wieder eine kosmologische Konstante eingeführt. Wahrscheinlich braucht es weitere Terme, deren physikalischer Gehalt man zwar nicht versteht, mit denen man aber eine semiempirische Formel für die Vorgänge im Universum erhalten kann. Neuere Ansätze gehen davon aus, dass es eine weitere, fundamentale Kraft oder Wechselwirkung – die Quintessenz – geben muss. Eine andere Annahme geht von einer homogen verteilten Energiedichte[37] aus, die einen negativen Druck bewirkt und die sich mit der Zeit ändern könnte. Wie man sieht, kommt man bei der Dunklen Energie ohne Spekulationen nicht weiter.

Plausibilitäten

Der heutige Stand der Kosmologie geht von vielen Hypothesen aus. Einigen kann man zwar gut als gesicherte Erkenntnisse taxieren. Der Grossteil sind Hypothesen mit hoher Plausibilität. Andere sind aber Spekulationen, und es gibt keine Möglichkeit, sie zu beobachten oder gar experimentell zu überprüfen. Beinahe alle heute bekannten oder theoretisch geforderten physikalischen Gesetzmässigkeiten werden dabei herangezogen. Dabei entsteht ein Mix zwischen Wissenschaftlichkeit und Science Fiction. Wie die Abbildung 10 der Geschichte des Universums zeigt, gibt es zwei grundsätzlich verschiedene Abschnitte.

---

[37] Wenn dort auch die Gleichung Energie = Masse * (Lichtgeschwindigkeit im Quadrat) gilt, dann könnte man auch annehmen, dass es eine negative Masse geben sollte.

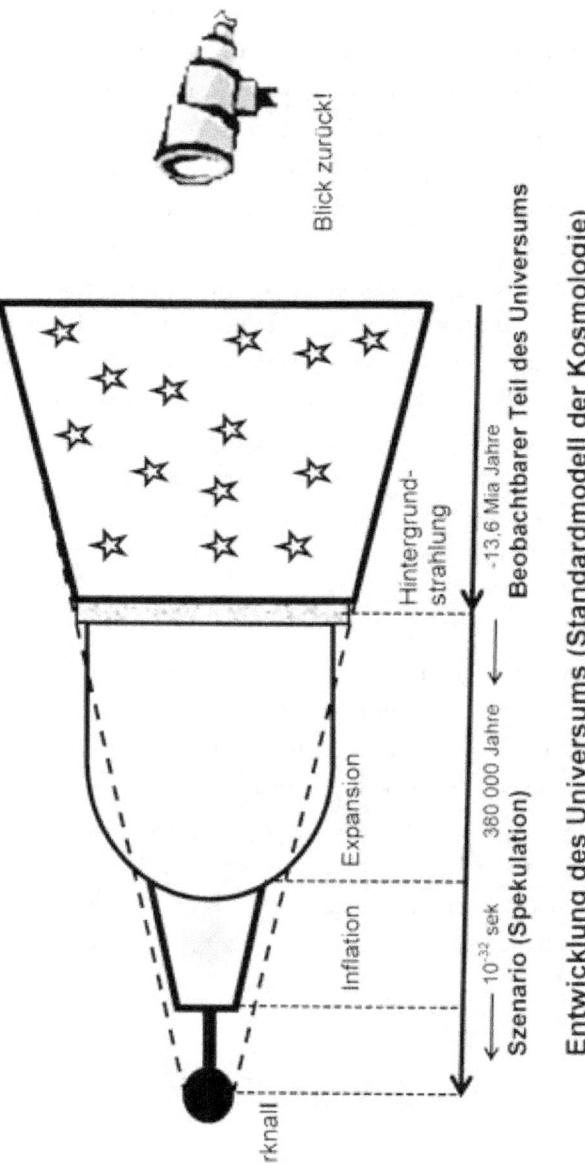

Abb. 10: Standardmodell der Kosmologie
("It ain't necessarily so!" Porgy and Bess)

Zurück bis zur Entstehung der Hintergrundstrahlung sind Beobachtungen möglich. Über das, was vorher geschah, kann nur spekuliert werden.

Das heute meist gezeigte Szenario kann – wie vorher bemerkt – zu spannenden Computersimulationen führen, kann aber nicht Anspruch auf Wahrheit erheben. Und man kann ganz sicher nicht sagen, wann der Urknall stattgefunden hat. Da reicht zum Ersten nicht einmal unser Zeitbegriff aus. Zum zweiten weiss man nicht, was zwischen dem Big Bang und der Inflation alles geschah und wie mancher Versuch notwendig war, bis die Inflation einsetzte. Aber auch das ist Spekulation.

Die nachfolgende Tabelle soll zeigen, was als gesichert gelten kann und was Spekulation ist. Dazwischen liegt ein Gebiet mit plausiblen Hypothesen. Natürlich ist das eine subjektive Einteilung und die Leserin oder der Leser kann zu einer anderen Einteilung kommen. Zudem ist die Darstellung nicht vollständig, aber auch die heutige Theorie des Universums ist weder vollständig noch abgeschlossen.

<u>A star is born?!</u>
Eigentlich weiss man recht viel über das Leben und insbesondere das Sterben der Sterne [24]. Man kennt Bedingungen, die zu einem Roten Riesen oder zu einem Weissen Zwerg führen. Man kennt die Annahmen, unter welchen Bedingungen ein Neutronenstern entstehen kann und wann sich ein Schwarzes Loch entwickeln könnte, aus dem aufgrund der starken Gravitationskräfte nicht einmal mehr Licht entfliehen könnte. Wären alle leuchtenden Sterne kurz nach dem Urknall oder der Hintergrundstrahlung entstanden, dann würde einer nach dem andern erlöschen und man hätte einen Lampion-Effekt, wie man ihn von der Gartenparty an einem Sommerabend kennt. Am Ende bestünde das Universum nur noch aus Dunkler Materie und Dunkler Energie. Diese Vorstellung mögen die Astrophysiker nicht. Es müssen also auch neue leuchtende Sterne entstehen.

Gesicherte Ergebnisse	**Plausible Hypothesen**
	+++ ++ +

Gesicherte Ergebnisse

Beobachtungen (leuchtende Materie):

- Sonnensystem
- Galaxien
- Weisse Zwerge
- Rote Riesen
- Supernova
- Hintergrundstrahlung

Messungen:
- Spektroskopie
  - Chemische Elemente
  - Rotverschiebung
  - Expansion des Universums (Hubble)
- Analyse Supernova
  - Beschleunigte Expansion
- Messung der Lichtgeschwindigkeit

Theorien:
- Gravitationstheorie; Einstein
- Entstehung leichter Elemente (Fusion)

Plausible Hypothesen

+++
- Existenz Schwarzer Löcher
- Existenz Dunkler Materie
- Abgeflachtes Universum
- Bestimmung der Entfernung
- Hubble Gesetz
- Lebenslauf der Gestirne

++
- Entstehung schwerer Elemente
- Alter des Universums seit der Hintergrundstrahlung
- Vorkommen von schweren Elementen auf der Erde

+
- Gravitationswe[llen]

Spekulative Ansätze

- Szenario der Entwicklung des Universums vom Urknall bis zur Hintergrundstrahlung
  - Inflation - Expansion
  - Higgsfeld mit Phasenübergang
  - Zeitbestimmung des Urknalls
  - Vakuumfluktuationen

- Wesen der Dunklen Ma[terie]
- Wesen der Dunklen Energie
- Quintessenz als fünfte Wechselwirkung
- M-Theorie Multiversum

Abb. 11: Wissen – Vermutung - Spekulation

Bei der Erklärung, wie ein neuer, leuchtender Stern entstehen könnte, geht man meist von einer Molekülwolke aus [1]. Solche Molekülwolken sollten vor allem aus Wasserstoff bestehen, wobei man von einer Temperatur der Wolke von 10 – 20 K ausgeht [Wi]. Da solche Wolken nicht beobachtet werden können, ist ihr Nachweis höchstens indirekt möglich. Fliegt nun ein Komet – klein oder gross – durch eine solche Wolke, so ist es gut möglich, dass sich an seiner Oberfläche Moleküle anlagern, wie man das beim Aufdampfen von Dünnen Schichten auf Glas- oder Halbleitersubstrate bestens kennt. Aber ein so wachsender Komet leuchtet nicht. Für leuchtende Sterne spekuliert man, dass diese schrittweise aus prästellaren Kernen und Protosternen entstanden. Wie es aber zum ‚Zünden' des Sternes kommt, wobei, wie auf der Sonne, die Fusion von Wasserstoff zu Helium stattfinden muss, darüber gibt es zwar theoretische Spekulationen, die aber nicht durch Messungen oder Beobachtungen untermauert werden können.

Es bleibt anzumerken, dass alle früher aufgestellten kosmologischen Thesen sich als falsch herausgestellt haben. *Das Universum ist weder unveränderlich, noch unendlich alt, noch können wir einen unendlichen Teil überblicken und auch die Sterne können kein unendliches Alter erreichen [22]*. Auch unseren heutigen Annahmen könnte es gleich ergehen und in einigen Jahrzehnten könnten sie als veraltet und falsch gelten.

Alternative Szenarien
Bei der Beschreibung der ersten Phasen im Universum bedienen sich die Theoretiker der Szenariotechnik. Meist wird diese sonst für zukünftige mögliche Entwicklungen angewendet. Dabei gibt es immer mehrere mögliche Szenarien. In der rückwärtsblickenden Beschreibung geht man heute von einem einzigen Szenario aus, dem Standardmodell, obwohl man sicher auch andere Szenarien entwerfen könnte. Dies täte der Physik gut, wenn sie auch andere Möglichkeiten zulassen und nicht in festgefahrenen Bahnen verharren würde.

Wenn man über die Entwicklung des Universums nachdenkt, dann ergeben sich schnell ein Bündel von Fragen:

- Gab es schon vor dem Urknall Naturgesetze? Sind Naturgesetze ewig und unveränderlich?
- Existierte schon vor ‚unserem' Urknall ein allgegenwärtiges und ewiges Vakuum?
- Gab und gibt es Vakuumfluktuationen, aus denen Universen entstehen können?
- Warum haben die Naturkonstanten genau die Werte, die es braucht, damit Leben entstehen kann?
- Warum gibt es auf der Erde Wasser, Sauerstoff und Kohlenstoff? Dies sind Voraussetzung für die Entwicklung von Lebewesen!
- Warum ist der Abstand der Erde zur Sonne gerade so, dass hier genau solche Temperaturen herrschen, die für ein Leben nötig sind?

Abb. 12: Vakuumfluktuationen
Das Vakuum stemmt ein Elektron und ein Positron in die Höhe.

Nach Hawking [14] *„führen Vakuum- oder Quantenfluktuationen zur Schaffung winziger Universen aus dem Nichts. Einige erreichen eine kritische Grösse, expandieren dann inflationär; in ihnen entstehen Galaxien, Sterne und, mindestens in einem Fall, Wesen wie wir."*

Dies alles sind ‚warum – Fragen'. Aristoteles wollte solche Fragen zulassen und er postulierte die ‚causa finalis', die Zweckursache. Eine Antwort konnte er zwar nicht geben, aber in allem musste ein Sinn stecken. Galilei verbannte dann die Causa finalis aus dem physikalischen Denken. Heute spricht man eher vom anthropischen Prinzip. Danach müssten die Gesetze der Physik so geartet sein, dass es Leben geben kann. Das Universum sollte demnach so gestaltet sein, dass die Entstehung von Leben möglich wurde. Als Konsequenz besagt das anthropische Prinzip, dass das beobachtbare Universum nur deshalb beobachtbar ist, weil es alle Eigenschaften hat, die dem Beobachter ein Leben ermöglichen. Eine ähnliche Stossrichtung verfolgen die Anhänger eines ‚Intelligent Design', nach welchem die Evolution so angelegt wurde, damit am Schluss der Mensch entstanden ist. All dies sind Antworten auf die ‚warum–Frage'. In der Physik haben solche Fragen an sich keinen Platz, obwohl auch berühmte Physiker darüber spekulieren. Solche Fragen gehören in das Fachgebiet der Philosophie oder der Theologie. Und da können wir dem philosophischen Gespräch von Richard David Precht mit seinem Sohn Oskar zuhören, nachdem sie die Computersimulation über die Entstehung des Universums angeguckt haben [26]:

- *Papa, warum gibt es das alles?*
- *Wie meinst du das, Oscar?*
- *Ich meine, warum es das alles gibt. Warum gibt es alles und nicht nichts?*
- *Du meinst, warum es Sterne, Planeten, Pflanzen, Tiere und Menschen gibt?*
- *Ja, warum ist das alles überhaupt da?*

Precht erzählt nun einige Mythen. Nachher fährt er mit dem Dialog weiter:
- *Jeder kann sich seine eigene Geschichte ausdenken, woher die Welt kommt. Und weisst du, woran das liegt? Weil man niemals herausfinden wird, was die Wahrheit ist.*
- *Aber was wir gesehen haben, ist doch die Wahrheit. Das Universum ist durch den Urknall entstanden.*

- *Ja, das vermuten wir. Jedenfalls soweit wir das heute wissen. Vielleicht gibt es aber auch bald eine neue Theorie. Und in hundert Jahren sieht man die Sache wieder anders. Genau wissen werden wir es nie.*
- *Wenn es den Urknall gab, wonach alles auseinandergeflogen ist, dann muss es auch etwas vorher gegeben haben vor dem Urknall.*

Und dies führt zur Schlussfolgerung:

‚Nicht jede philosophische Frage lässt sich beantworten. Auf viele gibt es nur ungefähre Antworten. Und viele davon führen sofort zu neuen Fragen.'

Was wissen wir nun wirklich über den Kosmos? – Wir haben zwar viel mehr Informationen als früher, sind aber immer noch ‚so klug, als wie zuvor!' – Überhaupt verführt das Interpretieren der kosmologischen Vorgänge zu einem Scheinwissen und zu einer falschen Sicherheit. Das ging schon Wallenstein so. Er glaubte, das Heft des Handelns in den Händen zu haben, dabei hatte er seinen Mörder schon in sein Haus eingelassen. So heisst es bei Schiller:

Es ist entschieden, nun ist's gut – und schnell
Bin ich geheilt von allen Zweifelsqualen,
Die Brust ist wieder frei, der Geist ist hell,
Nacht muss es sein, wo Friedlands Sterne strahlen.

7

Das Neutrino als Spielverderber

Si tacuisses: Wenn du geschwiegen hättest.
(Boethius)

Natürliche Radioaktivität

Seit der Entdeckung der Radioaktivität durch die Pionierleistungen von Henri Becquerel und von Pierre und Marie Curie kennt man drei Arten radioaktiver Strahlen: Die Alpha-, die Beta- und die Gammastrahlen. Besonders verwirrend ist die Erklärung des Betazerfalls und die Geschichte war bis heute voller Überraschungen. Auch in unserem Körper findet ein Betazerfall statt, und wir nehmen dabei keinen Schaden. Dazu ein Beispiel. In der Archäologie wird oft die ^{14}C-Methode zur Bestimmung des Alters von Knochenfunden angewendet. Durch kosmische Strahlung wird in der Erdatmosphäre aus dem Stickstoff der Luft (^{14}N) radioaktiver Kohlenstoff (^{14}C) gebildet. Solange ein Lebewesen lebt, isst und atmet, gelangt dieses ^{14}C in unschädlichen Mengen in den Körper, wo es sich in die Knochen und ins Gewebe einlagert. Mit dem Tod endet dieser Einbau. Von diesem Moment an nimmt der Anteil des radioaktiven ^{14}C nur noch ab, weil es unter Aussendung von Betastrahlen wieder in ^{14}N zerfällt. ^{14}C hat eine Halbwertszeit von 5'730 Jahren. Durch die Messung des Verhältnisses von ^{14}C zu ^{12}C mit dem Massenspektrometer kann so das Alter eines Knochenfundes bestimmt werden. Der Anteil des ^{14}C nimmt über die Zeit gemäss dem Gesetz für den radioaktiven Zerfall[38] kontinuierlich ab, egal, ob am Schluss eine Messung vorgenommen wird oder nicht. Dabei ist zu beachten, dass sowohl das empirische Gesetz für den radioaktiven Zerfall als auch die Altersbestimmung durch das Massenspektrometer zur Newton-Welt gehören. Welche ^{14}C-Atome jedoch im Knochen zerfallen und welche noch nicht, das kann man nicht sagen. Es gibt – so viel mir bekannt ist – keine Ab-

---

[38] Gesetz für den radioaktiven Zerfall: $A = A_0 \cdot \exp(-0693 \cdot t/T_{1/2})$; t: Zeit; $T_{1/2}$: Halbwertszeit

leitung aus dem Standardmodell, die diesen Sachverhalt erklärt, und auch das experimentell bestens überprüfte Gesetz für den radioaktiven Zerfall kann nicht aus der Quantenflavordynamik hergeleitet werden. Anzumerken bleibt, dass Atome keine individuellen Kügelchen sind. Die ^{14}C-Atome bilden einen Verband in der Heisenberg-Welt, für die es gemäss dem Superpositionsprinzip der Quantenphysik eine gemeinsame Wellenfunktion gilt.

Die Crux mit den Erhaltungssätzen

Die Erforschung des Betazerfalls ist eines der wechselvollsten Kapitel der Physik, bei dem mehr als einmal an ihren Fundamenten gerüttelt wurde. Und diese Geschichte ist bis heute noch nicht zu Ende. Anfangs war es das kontinuierliche Energiespektrum der emittierten Elektronen, das ernsthafte Zweifel an der Gültigkeit des Energiesatzes aufkommen liess. Erwartet wurde eine genau definierte Energie des Teilchens, welches der Energie entsprechen würde, die man beim Rückstoss des Kernes messen konnte. Das Energiespektrum zeigt aber eine Verteilung der Energie der emittierten Elektronen zwischen Null und der theoretisch erwarteten Energie. Der grosse Niels Bohr war bereit, den Energiesatz in der Quantenphysik aufzugeben, in der Vieles den traditionellen Vorstellungen widersprach. Damit hätte man wohl gut leben können und die Geschichte der Physik hätte einen anderen Verlauf genommen, wenn nur Wolfgang Pauli geschwiegen hätte. Pauli ging von der Überlegung aus, dass es sich beim Betazerfall um ein Dreiköprperproblem handeln könnte und postulierte so ein Teilchen, mit dem sowohl der Energie- als auch der Impulserhaltungssatz gerettet werden konnte. Ausgerechnet Pauli, der sich gerne über andere lustig machte, die beim Doppelspaltexperiment an verborgene Variablen glaubten, ausgerechnet Pauli postulierte ein Elementarteilchen, von dem er annahm, dass man es nie beobachten könne. Damit hat der fürchterliche Pauli [6] in seinem Brief an die radioaktive Gesellschaft die Büchse der Pandora[39] geöffnet, wodurch seither viele Qualen die Köpfe der

---

[39] Gemäss dem griechischen Mythos erhielt Pandora von Göttervater Zeus eine Büchse, in der alle Plagen für die Menschen eingeschlossen waren. Prometheus hatte den Menschen das Feuer gebracht, wofür sich Zeus rächen wollte. Pandora verführte deswegen den Bruder von Prometheus – Epimetheus, der nicht merkte, was er tat –

Physiker plagen. Pauli war unter die Propheten gegangen, und es war klar, dass man dieses neue Teilchen – welches Enrico Fermi Neutrino taufte – entdecken und nachweisen wollte. Voraussagen sind immer eine wichtige Triebfeder für die Forscher. Nicht nur die drei Weisen aus dem Morgenland, die wir aus der Bibel kennen, machten sich auf, Neues zu erforschen. Wann immer eine theoretische Überlegung eine Voraussage macht, dann möchte man diese experimentell beweisen. Früher versuchte man den Nachweis für die Existenz des Neutrinos zu erbringen; heute forscht man nach dem Higgs-Teilchen, das möglicherweise 2012 im CERN nachgewiesen wurde.

Die Qualen der Experimentalphysikern begannen damit, dass man eine Umgebung suchen musste, die möglichst von allen anderen Strahlungen abgeschirmt war [2]. Auch musste man sicher sein, dass die Neutrinos nur aus einer genau definierten Quelle stammten. Glaubte man der Neutrino-Hypothese, dann muss es eine Unzahl von Neutrinoquellen geben. Nebst der natürlichen Radioaktivität müssen Neutrinos in Kernkraftwerken entstehen. Eine wichtige Neutrinoquelle stellt zudem die Kernfusion dar, wie sie unter anderem in der Sonne vorkommt. Wenn zwei Wasserstoffatome bei extrem hoher Temperatur zu einen Deuteriumkern verschmelzen, dann werden Neutrinos frei. Hier eine wichtige Zwischenbemerkung: Neutrinos können benutzt werden, um das Innere der Sonne zu erforschen. Die direkte optische Beobachtung des Sonnenkerns ist nicht möglich. Photonen aus dem Innern können praktisch nicht an die Sonnenoberfläche gelangen, da sie mit den Ionen und Elektronen der Plasmaschicht in Wechselwirkung treten. Neutrinos haben nur eine sehr schwache Wechselwirkung und können damit die Plasmaschicht ungehindert durchdringen und zum Flug durch das Weltall starten. Dieses Phänomen wird später noch zu interessanten Schlussfolgerungen führen. Weiter kann der Betazerfall durch Beschuss von Targets in Beschleunigern ausgelöst werden, womit man eine gut definierte Neutrinoquelle hat.

---

und dieser öffnete die Büchse. Seither werden die Menschen von den grässlichsten Plagen gemartert.

Bei den ersten Messungen zum Nachweis des Neutrinos führte man Rückstossexperimente an emittierenden Kernen durch. Dadurch erhält man jedoch nur Aussagen über die Impulsverteilung, während das Neutrino ursprünglich zur Erhaltung der Energie eingeführt wurde. Um die Existenz des Neurtinos nachzuweisen, müsste man es direkt beobachten können. Dazu bot sich der inverse Betazerfall an. Trifft ein Neutrino auf ein Proton, dann entsteht ein Neutron und ein Positron, welches leicht nachzuweisen ist. Allerdings ist wegen der schwachen Wechselwirkung die Wahrscheinlichkeit sehr klein, dass dieser Stossprozess stattfindet. Reines und Cowan gelang es 1957 – kurz vor dem Tode von Pauli – diesen Nachweis zu erbringen. Die heute bekanntesten Neutrinodetektoren befinden sich in Gran Sasso (Italien), in der Homestake-Goldmine (USA) und in Kamioka (Japan). Dabei mussten sich die Physiker einiges einfallen lassen, damit man wirklich weiss, ob die gefundenen Reaktionen durch Neutrinos ausgelöst wurden.

Nun zu den Qualen der theoretischen Physiker. Als erster entwickelte Fermi eine Theorie, mit der die Form des Beta-Spektrums aufgrund der Neutrinohypothese beschrieben werden konnte. Dann kam die Frage auf, ob das Neutrino eine Masse habe. Am oberen Ende des Beta-Spektrums fehlt bei sorgfältiger Messung ein kleiner Restbetrag von Energie, woraus man auf eine sehr geringe Masse für die Neutrinos schliessen kann. Doch dann kam eine neue Hiobsbotschaft: Neutrinos verletzten einen anderen Glaubenssatz: Die Parität[40] ist beim Betazerfall nicht erhalten. Das Neutrino ist ein ‚Linkshänder' und rotiert gegen den Uhrzeigersinn.

Zurück zur Experimentalphysik. Neutrinos konnten zwar nachgewiesen werden; es ist aber praktisch unmöglich, mit Neutrinos Experimente anzustellen. Wegen der schwachen Wechselwirkung, wodurch Neutrinos ungehindert durch Materie dringen, ist es nicht möglich, ein Doppelspaltexperiment auszuführen, wodurch man mehr über die Eigenschaften der Neutrinos erfahren könnte. Man weiss auch nicht, ob das Elektron und das dazugehörige Neu-

---

[40] Die Parität bezeichnet in der Physik eine Symmetrieeigenschaft, welche das Verhalten gegenüber räumlichen Punktspiegelungen beschreibt.

trino miteinander verschränkt sind. Fast alles, was man über Neutrinos weiss, weiss man aus Rückschlüssen aus anderen Messungen. Doch die Geschichte ist noch nicht zu Ende. Als man bei Experimenten mit Beschleunigern das Myon und Tauon entdeckte, dann war klar, dass es neben dem Elektron-Neutrino auch ein Myon-Neutrino und ein Tauon-Neutrino geben musste. Als man dann die von der Sonne emittierten Neutrinos messen wollte, konnte man nur ungefähr halb so viele Neutrinos nachweisen, wie die Modellrechnungen voraus gesagt hatten. Als Ursache nimmt man an, dass es sogenannte Neutrino-Oszillationen gibt [17]. Danach könnten sich Elektron-Neutrinos auf ihrem Weg von der Sonne zur Erde in Myon- oder Tauon-Neutrinos umgewandelt haben. Weiter gibt es Hinweise auf einen neutrinolosen doppelten Betazerfall. Dies würde bedeuten, dass entweder die Erhaltung der Leptonenzahl verletzt wird oder dass das Neutrino sein eigenes Antiteilchen wäre. Damit würde man aber an den Grundfesten des Standardmodells rütteln. Eines scheint sicher: Das Neutrino ist immer wieder für eine Überraschung gut.

Speedy Gonzales

Das Neutrino scheint ein Zwischending zwischen einem Elektron und einem Photon zu sein. Mit dem Elektron hat es den Spin gemeinsam, mit dem Photon stimmt die Ladung überein und auch bezüglich der sehr geringen Masse gleicht das Neutrino eher dem Photon. Nun stellt sich die Frage, mit welcher Geschwindigkeit sich Neutrinos bewegen. Photonen, egal welche Energie sie haben, bewegen sich im Vakuum mit Lichtgeschwindigkeit. Elektronen können in Spannungsfeldern beschleunigt und so auf verschiedene Geschwindigkeiten gebracht werden. Fliegen nun alle Neutrinos mit der gleichen Geschwindigkeit oder gibt es beim Betazerfall eine Geschwindigkeitsverteilung für die Neutrinos? – Meist nimmt man an, dass sich die Neutrinos mit einer Geschwindigkeit bewegen, die in der Nähe der Lichtgeschwindigkeit liegt.

Berühmt wurden die Experimente im CERN, bei denen ein Neutrinostrahl über eine Entfernung von 732 km durch das Erdinnere zum Gran-Sasso-Laboratorium in Italien geschickt und dort detektiert werden. Dabei wurden Myon-Neutrinos im Cern erzeugt, die dann im OPERA-Detektor (Oscillation Project with Emulsion-tRacking Apparatus) als Tauon-Neutrinos nachgewiesen wurden.

Am 23. September 2011 erfolgte eine *Press Release* des CERNs: *The OPERA results are based on the observation of 15'000 neutrino events measured at Gran Sasso, and appears to indicate that the neutrinos travel at a velocity 20 parts per million above the speed of light....*
Update vom 18. November 2011: *The beam sent from CERN consisted of pulses three nanoseconds long seperated by up to 524 nanoseconds. Some 20 clean neutrino events were measured at the Gran Sasso Laboratory, and precisely associated with the pulse leaving the CERN...The new measurements do not change the initial conclusion.* Mit dieser Conclusion war gemeint, dass Neutrinos schneller als Licht seien und dass sie damit die Spezielle Relativitätstheorie ins Wanken gebracht hätten. Diese hanebüchene Schlussfolgerung zeigt, wie sensationslüstern die Beteiligten waren.

Am 23. Februar 2012 meldete man dann einen Messfehler: *The OPERA collaboration has informed ... it has found two possible effects...GPS synchronisations. It could have led to an overestimate oft he neutrino's time of light. The second concerns the optical fiber connector.* Also ein Messfehler! – Die positive Nachricht ist, dass Physiker auch Menschen sind, die Fehler machen. Die negative Nachricht ist, dass man den gross publizierten Ergebnissen des CERNs nicht vertrauen darf. In der Zwischenzeit ist die Botschaft um die Welt gegangen, man habe das Higgs-Teilchen nachgewiesen. Die Frage bleibt, stimmt die Auswertung oder hat man einen Messfehler gemacht? Dies nachzuprüfen ist praktisch unmöglich, da verschiedene Grossrechner miteinander verbunden sind und dann ein Resultat ausspucken, wobei niemand mehr die Übersicht hat.

Als ich zum ersten Mal von den überschnellen Neutrinos hörte, dachte ich an einen Schnellstart der Neutrinos. Es könnte ja sein, dass bei der Kollision der beschleunigten Teilchen mit dem Targets nicht alles genau gleichzeitig abläuft und sich die Neutrinos vor den Elektronen (oder den Myonen) auf den Weg machen. Später habe ich mir dann ein Gedankenexperiment ausgedacht, dem ich den Namen ‚Speedy Gonzales' gab. Dabei geht es darum, festzustellen, wer ‚die schnellste Maus von Mexico' ist.

Das nachstehende Bild illustriert die gedachte Versuchsanordnung. Am Eingang links sind zwei Sender, welche gleichzeitig ein Photon und ein Neutrino durch ein Übertragungsmedium schicken können. An Schluss dieser Rennstrecke sind zwei Empfänger, die fähig sind, sowohl das Eintreffen des Photons als auch des Neutrinos genau zu registrieren.[41]

Auf dieser Strecke können nun die Photon-Maus und die Neutrino-Maus um den Titel ‚Speedy Conzales' kämpfen. Virtuelle, nicht nachweisbare Photonen, die man in der Theorie der Quantenelektrodynamik postuliert, sind zum Rennen nicht zugelassen.

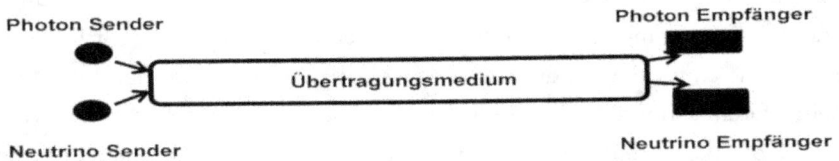

Abb. 13: Gedankenexperiment
Kann das Neutrino sich schneller als das Photon bewegen?

Im ersten Versuch besteht der Zylinder, der die Rennstrecke darstellt, aus Glas. Quarzglas hat den Brechungsindex von 1.46, die Lichtgeschwindigkeit im Glas ist deshalb $c/1.46$, wobei mit c die Vakuumlichtgeschwindigkeit gemeint ist. Das Neutrino erleidet keine Wechselwirkung mit dem Glas und bei diesem ersten Rennen ist die Neutrino-Maus der Sieger. Nun füllen wir den Zylinder mit Wasser, welches den Brechungsindex von 1.33 besitzt. Und wie-

---

[41] Bei diesem Gedankenexperiment geht es darum, ob die Informationsübertragung durch Neutrinos schneller sein kann als mit Photonen.

der wird das Neutrino schneller sein. Bei bodennaher Luft (Brechungsindex von 1.000292) muss man das gleiche Resultat erwarten.

Wie aber sind die Resultate im Vakuum? – Das reale Vakuum ist kein ‚Nichts'. Da hat es Restgase, verschiedene Felder und Quantenfluktuationen, mit denen das Photon in Wechselwirkung treten kann. Damit ist die Vermutung nahe liegend, dass sich das Photon nicht mit der Grenzgeschwindigkeit bewegen kann, die in einem theoretischen Vakuum – einem reinen ‚Nichts' – vorliegen würde. Und wiederum müsste das Neutrino schneller sein. Einstein ging in seinen Überlegungen von einem theoretischen Vakuum aus und da sind das Neutrino und das Photon gleich schnell![42]

Wo liegt der Haken bei diesem Gedankenexperiment? – Wir sind stillschweigend davon ausgegangen, dass das Neutrino keine Masse besitzt. Hätte es Masse, so könnte es sich nicht mit der Grenzgeschwindigkeit bewegen. Es könnte also sein, dass das Photon bei immer besser werdenden Vakuum und einer genügend langen Rennstrecke schneller als das Neutrino wird. Als Neutrinomasse muss die relativistische Masse angenommen werden und aus der Zeitdifferenz könnte dann die Ruhemasse des Neutrinos berechnet werden. Das Gedankenexperiment lässt folgende Schlüsse zu: Ist die Neutrinogeschwindigkeit grösser oder gleich der gemessenen Lichtgeschwindigkeit, dann müsste die Neutrinomasse verschwindend klein sein. Ist die Neutrinogeschwindigkeit kleiner als die gemessene Lichtgeschwindigkeit, dann hat man einen deutlichen Hinweis, dass das Neutrino eine Masse besitzt. Obwohl diese Messungen wenig praktische Bedeutung haben, so können sie doch einen wichtigen Hinweis auf die Natur des Neutrinos geben. Der Sombrero von Speedy Conzales, welcher der schnellsten Maus von Mexico gehört, kann zur Zeit nicht vergeben werden. Wir müssen noch neuere Messungen abwarten und hoffen, dass dann keine Messfehler vorliegen.

---

[42] Das beschriebene Gedankenexperiment kann sowohl mit Elektron-Neutrinos, Myon-Neutrinos und Tauon-Neutrinos durchgeführt werden, wobei möglicherweise diese drei Mäuse unterschiedlich schnell sind. Auch könnte man dabei beobachten, ob es Neutrino-Oszillationen gibt.

Alternative Modelle

Das Neutrino wurde postuliert, um einen Glaubenssatz zu retten. Mit dem Standardmodell und den dazugehörigen Theorien hat sich die Physik ein Gebäude entwickelt, in welchem die vorherrschenden Glaubenssätze zementiert wurden. Nur das Neutrino hat es gewagt, immer wieder an den Glaubenssätzen zu rütteln. Drum sollte das Neutrino ein Vorbild sein, sich aus der Erstarrung der modernen Physik, die sich weit von der Praxis und den experimentellen Beweisen entfernt hat, zu lösen. Man sollte auch andere Modelle entwickeln, damit man zwischen verschiedenen Alternativen entscheiden kann. Dazu kann eine Kreativitätsmethode helfen, die auf De Bono zurück geht, und die als laterales Denken bezeichnet wird [3]. Dabei nimmt man an, dass eine Prämisse – ein Glaubenssatz – nicht stimmt und denkt die Konsequenzen durch. Eine Begründung muss man am Anfang dieses Prozesses nicht geben. Erst wenn die Konsequenzen bekannt sind, kann man sich fragen, ob das gewählte Vorgehen vernünftig war. Dazu möchte ich an einem Beispiel ein alternatives Modell entwickeln.

Als erstes wird stipuliert, dass das Pauli-Prinzip innerhalb der Atomkerne nicht gilt. Daraus ergeben sich erste Konsequenzen:
- Im Atomkern können beliebig viele Quarks – ähnlich wie Bosonen – im gleichen Zustand existieren.
- Es braucht keine neuen Quantenzahlen, wie sie die Farben und Flavours darstellen.
- Die Austauschteilchen, insbesondere die Gluonen, können die gleiche Wirkung entfalten wie im Standardmodell.
- Die Zahl der fundamentalen Naturkonstanten, die experimentell noch zu bestimmen wären[43], kann drastisch reduziert werden.

1. **Vermutung:** Auf Basis dieses Modells dürfte es einfacher sein, die grosse vereinigte Theorie der starken, der schwachen und der elektromagnetischen Wechselwirkung zu finden. Es würde mich freuen,

---

[43] Fritzsch [10] kommt bei seiner Aufzählung auf 27 solche Konstanten.

wenn ein junger theoretischer Physiker diesen Versuch wagen würde. Mir selbst fehlt dazu das mathematische Rüstzeug.

Weitere Konsequenzen:
- Die bildhafte Vorstellung, dass Atomkerne aus zusammengepackten Protonen und Neutronen bestehen, ist nicht zwingend. Ein ebenso gutes Modell geht von einem Kern aus, in dem es nur up- und down-Quarks gibt.

Die nachstehende Abbildung zeigt die Verhältnisse für den Kern des Helium-Atoms. Auch wenn das traditionelle linke Bild vor allem in der Chemie recht hilfreich ist, kann das rechte Bild die physikalischen Gegebenheiten ebenso gut beschreiben.

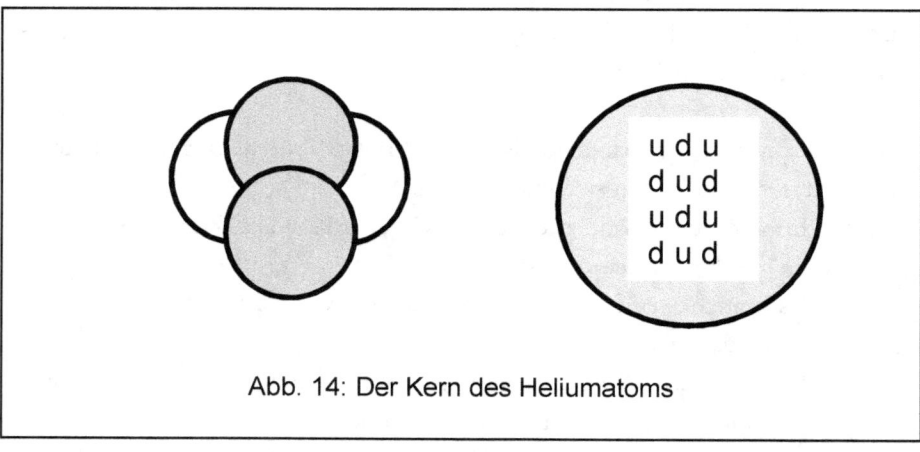

Abb. 14: Der Kern des Heliumatoms

- Protonen und Neutronen erhalten erst dann eine physikalische Existenz, wenn man sie einem Experiment aussetzt oder wenn sie aus dem Atomverband heraus geschleudert werden (Beschuss in Beschleunigern, Kernzerfall usw.). Ein solches Verhalten ist in der Quantenphysik nicht neu. Auch vom Elektron hat man nur Kenntnis, wenn man ein Experiment durchführt (vgl. Doppelspaltexperiment).

- Die Zahl der Quarks in einem Kern muss durch drei teilbar sein, damit die uns bekannten Atome mit ihrer Ladungs- und Massezahl gebildet werden können.
- Kerne, deren Anzahl von Quarks nicht durch drei teilbar ist, können keine Elektronenhülle bilden.

2. **Vermutung:** Nach dem Urknall könnten sich auch Kerne gebildet haben, bei denen die Anzahl der Quarks nicht durch drei teilbar ist. Sie haben dann keine Elektronenhülle und sind spektroskopisch nicht nachweisbar. Da sie aber Masse besitzen sind sie der Gravitation unterworfen. Sie könnten als Dunkle Materie – eventuell gar als Dunkle Energie – in der Kosmologie eine Rolle spielen.
3. **Vermutung:** Innerhalb der Kerne herrscht weitgehend ein Vakuum (zwischen den Quarks). Es könnte dort auch Quantenfluktuationen geben, die dann beim radioaktiven Zerfall eine Rolle spielen[44].
4. **Vermutung:** Zwischen den Atomkernen einer radioaktiven Substanz muss ein Wechselwirkungsprozess stattfinden, welcher das experimentell gefundene radioaktive Zerfallsgesetz mit seiner Halbwertszeit erklärt. Solche Austauschteilchen könnten neutrinoartige Bosonen sein. Da das Graviton im Standardmodell nur hypothetisch gefordert ist, kann einem solchen Austauschteilchen mindestens die gleiche Existenzberechtigung zugebilligt werden.

Wie man sieht, kann das laterale Denken zu ganz unerwarteten Aspekten führen. Jedermann kann nun Gründe aufführen, warum das Pauli-Prinzip im Kern gelten soll oder warum es verletzt sein könnte. Für beides gibt es sicher gute Gründe. Ich behaupte nicht, dass dieses alternative Modell besser als das Standardmodell sei. Dies kann man nur aufgrund von Experimenten und Beobachtungen entscheiden. Ich persönlich ziehe es aber vor, dass man anstelle von Multiversen von Multimodellen spricht. Dabei muss man sich im Klaren sein, dass man in beiden Fällen auf Spekulationen angewiesen ist.

---

[44] Einen ähnlichen Prozess könnte auch bei Schwarzen Löchern eine Rolle spielen (Hawking-Strahlung).

Konstruierte Wirklichkeit

Mit Pauli hat das Spekulieren begonnen. Immerhin hat er richtig spekuliert und man konnte das Neutrino nachweisen. Seither hat das Spekulieren immer extremere Formen angenommen. Dabei hat man sich in Dimensionen vorgewagt, die sich grundsätzlich der Verifizierung entziehen. Als extremes Beispiel ist die String-Theorie zu nennen mit den elf Branen. Diese mögen ein interessantes mathematisches Modell darstellen, sie müssen aber mit der Realität, wie sie die Natur geschaffen hat, nichts zu tun haben. Ein Modell bleibt immer ein Modell, wie nützlich es auch sein mag. Das nützlichste Modell, das ich kenne, ist das Bohrsche Atommodell, von dem man weiss dass es die physikalische Realität nicht richtig wiedergibt. So dürfte es auch um die anderen Modelle – das Standardmodell oder das vorher beschriebene alternative Modell – stehen. Nur überschätzen sich die meisten mathematischen Physiker, in dem sie meinen, ihr Modell sei die Wirklichkeit. Dabei ist es höchstens eine konstruierte Wirklichkeit [40]. Mit ihrer Autorität machen sie die Welt glauben, so müsste gefälligst die Natur beschaffen sein. Damit hat man sich weit von einer exakten Wissenschaft entfernt. Das Neutrino lehrt uns, dass die Natur anders ist, als wir sie uns gerne vorstellen. Auch die experimentellen Resultate, welche man mit Hilfe der grossen Beschleuniger gefunden hat, sagen nicht aus, was die Natur ist. Erinnern wir uns an Heisenberg und seine Aussagen zur Quantenphysik [16]; sie gelten auch für die Quantenchromodynamik und die Quantenflavordynamik: *„Wir müssen uns daran erinnern, dass das, was wir beobachten, nicht die Natur selbst ist, sondern Natur, die unserer Art der Fragestellung ausgesetzt ist."* - In der Zwischenzeit hat man dies wahrscheinlich vergessen!

Nun ist spekulieren zwar etwas Kreatives und Lustiges. Allerdings ist das dann keine exakte Wissenschaft mehr. Es ist bestenfalls eine nullte Näherung. Auch ich bin unter die Spekulanten gegangen. Deshalb möchte ich allen Spekulanten – auch mir – die Worte von Boethius in Erinnerung rufen:

> *Si tacuisses, philosophus manisses.*
> *(Wenn du geschwiegen hättest,*
> *hätte man dich für einen Philosophen gehalten!)*

8

Der Weg der Physik

Dreh' dich, dreh' dich, Rädchen........
(Volksweise)

<u>Vom Mythos zum Logos</u>

Wann begann physikalisches Denken? – Waren die Beobachtungen der grossen Zyklen in der Natur wie Tag und Nacht, Mondzyklen und die vier Jahreszeiten der Ursprung für tiefere Überlegungen und Sinngebung? – Dann die Beobachtung des Nachthimmels mit den Sternbildern und davor die Wandelsterne, die wir heute Planeten nennen! – Eine erste Deutung ergab sich dadurch, dass es sich bei Sonne, Mond und Planeten um göttliche Wesen handeln müsse. Sol, der Sonnengott, führt seinen Wagen um die Erde und die Planeten haben die Namen der römischen Götter: Merkur, Venus, Mars, Jupiter, wie wir das heute noch aus der Astrologie kennen. Dies entstammt dem Zeitalter des Mythos, den es nicht nur in der griechisch-römischen Tradition, sondern auch bei allen anderen Völkern gab.

Bei uns am besten bekannt ist der Übergang vom Mythos zum Logos in der griechischen Geschichte, die unser westliches Denken am nachhaltigsten geprägt hat. Anstelle der Götter suchte man nach logischen Erklärungen. Es ist dies der erste Versuch, Naturvorgänge rational zu erfassen, um darauf ein logisch konsistentes Bild der Natur konstruieren zu können. Dazu folgender Ausschnitt aus dem Buch ‚Der Weg der Physik' von S. Sambursky [32]: *Der Prozess der Theoriebildung begann an einem Thema von zentraler Bedeutung für die gesamte Naturwissenschaft, nämlich durch die Ausarbeitung zweier gegensätzlicher physikalischer Systeme, der Atomistik und der Kontinuumslehre............Bei beiden Systemen geht es um das Wesen der Materie und die Art und Weise physikalischer Wirkungen. Während die Atomlehre von Leukipp, Demokrit und Epikur auf der Partikelvorstellung aufbaut und mit den Konzepten von Stoss, Anordnung und Form assoziiert war, stand im Mittelpunkt der Kontinuumslehre der Stoiker die Vorstellung vom alldurchdringenden Pneuma, dem wissenschaftlichen Analogon des allgegenwärtigen Gottes, verbunden mit dem Begriff der Spannung und dem Prinzip der Superposition von Zuständen. Die beiden miteinander rivalisierenden Systeme waren die Vorläufer der jahrhundertelangen Antithese der Begriffe von Korpuskel und Feld.*

Auch die Theorie des Aristoteles war eine Feldtheorie, die sich aber von der Kontinuumstheorie der Stoiker unterschied. Beobachtbare Gegenstände sind aufgebaut aus den vier Elementen: Erde, Feuer, Wasser, Luft. Aristoteles machte sich auch tiefsinnige Gedanken über Raum, Zeit und Bewegung. Seine logischen Schlussfolgerungen und Überzeugungen führten dazu, dass er zu einer Autorität wurde, die Jahrhunderte lang nicht angezweifelt werden durfte. Dies ist das Verhängnis des Logos: Er generiert Schulen, die dann das selbstständige Denken und Beobachten einschränken.[45] Dies gilt auch für die Medizin, die sich auf Galen stützte, und vor allem auch für die Kosmologie, die das von Ptolemäus entwickelte Modell als das einzig Richtig anerkannte.

Vermeidung von Störeffekten
Ein ebenso wichtiger Übergang wie der vom Mythos zum Logos war der Übergang vom Logos – der Autorität – zur Messung und Beobachtung. Damit wurde die Verifizierung durch das Experiment zum Prüfstein für die theoretischen Modellvorstellungen. Zudem führten solche Beobachtungen und Messungen dazu, dass neue theoretische Ansätze entwickelt werden mussten. Wenn auch an einem solchen Übergang immer mehrere Leute beteiligt waren und dieser einige Jahrzehnte brauchte, so ist doch die zentrale Rolle von Galileo Galilei hervorzuheben. Einerseits verhalf er dem heliozentrischen Weltbild des Kopernikus durch seine Beobachtungen zum Durchbruch; andererseits führte er aber auch Experimente durch, deren Ergebnisse er dann in mathematischer Sprache formulieren konnte. Als er seine Experimente zum Fallgesetz mit verschieden schweren Kugeln auf einer schiefen Ebene durchführte, musste er darauf bedacht sein, dass Störeffekte wie Reibung und Luftwiderstand so klein waren, dass er die richtigen Schlussfolgerungen ziehen konnte. Zum Experimentieren braucht man – wie Galilei – einen Versuchsaufbau. Man lässt zum Beispiel durch eine Spule einen elektrischen

---

[45] Andere Schulen sind z. B. die Pythagoreer, die Platoniker, die Stoiker und die Epikureer.

Strom fliessen und misst das dadurch entstehende Magnetfeld. Man möchte also wissen, wie die Stärke des Magnetfeldes von der Stromstärke abhängt. Dabei muss man darauf achten, dass keine äusseren Störfelder das Resultat verfälschen.

Um eine Gesetzmässigkeit experimentell festhalten zu können, stellt man deshalb in der klassischen Physik folgende Anforderungen:
1) Die Messanordnung muss genau festgelegt und beschrieben sein.
2) Durch die Messung darf das Objekt nur geringfügig (vernachlässigbar) gestört werden.
3) Die Messresultate müssen reproduzierbar und unabhängig vom Experimentator sein.
4) Die Messresultate müssen angemessen dokumentiert werden; dies kann in Form einer Grafik mit Messpunkten oder durch Tabellen erfolgen.
5) Andere Experimentatoren müssen unabhängig und auch in anderen Laboratorien zu den gleichen Resultaten kommen.
6) Bei Schlussfolgerungen, die eine bestimmte Messgrösse eines Objektes angeben (z. B. Masse, Ladung usw.) muss eine Fehlerabschätzung angegeben werden.

Sowohl die klassischen Experimente in der Newton-Welt als auch die berühmten Experimente der Quantenmechanik[46] (z. B. das Doppelspaltexperiment) erfüllen diese Bedingungen; man kann in diesem Bereich von einer exakten Wissenschaft sprechen. Basierend auf den Gesetzen der Newton-Welt greift die Welt der Technik in unser Alltagsleben hinein. Allerdings ist anzumerken, dass wir in unserer Alltagswelt von vielen Störeffekten umgeben sind. Darüber soll im zweiten Teil dieses Buches berichtet werden.

Bei den so durchgeführten Experimenten setzt man zwar die zu untersuchenden Objekte den Versuchsbedingungen aus, sie werden aber nicht verändert

---

[46] Dabei beeinflusst zwar der Versuchsaufbau das Resultat, die Messung ist aber unabhängig vom Experimentator.

oder zerstört.[47] In der Hochenergie verlässt man diesen sicheren Grund. Um ins Innere der Atomkerne vorzudringen, muss man diese zerstören. Es bleibt nichts anderes übrig, als die Bruchstücke zu analysieren und aus diesen ein Bild vom Inneren der Kerne zu entwerfen. Eine direkte Prüfung oder Beobachtung des Kerninneren ist nicht möglich. Erschwerend kommt noch dazu, dass für diese Art von Experimenten immer höhere Energien benötigt werden, die nur noch mit grossen und teuren Beschleunigern realisiert werden können. Der Large Hadron Collider des CERNs dürfte wohl über Jahrzehnte der Einzige sein, mit dem man bestimmte Teilchen[48] nachweisen kann. Damit sind die oben genannten Bedingungen nicht mehr voll erfüllt. Auch die angemessene Dokumentation der Resultate ist praktisch unmöglich. Man mag in Unzicker [38] einen Ketzer oder Kritikaster sehen. Aber mindestens seine zehn Vorschläge für die Experimentalphysik sollte man ernst nehmen.[49]

<u>Der Sieg der Mechanik</u>
Mit den Experimenten von Galilei begann das Zeitalter der klassischen Mechanik. Galileis grafische Darstellung der Zeit als lineare Koordinate und Descartes kartesische Koordinatensystem prägten die Vorstellungen von Raum und Zeit, welche erst durch Einsteins Allgemeine Relativitätstheorie eine andere Ausprägung erhielten. Höhepunkt in diesem Zeitalter sind die Werke von Newton. Er führte den Begriff der Kraft als Ursache für die Beschleunigung ein, formulierte den Trägheitssatz und den Satz von der Gleichheit von Wirkung und Gegenwirkung. Damit waren alle wesentlichen Voraussetzungen für die Weiterentwicklung der Mechanik bis ins 19. Jahrhundert hinein gegeben, wobei die anderen Zweige der Physik ein Schattendasein fristeten. Ein Grund für die führende Stellung der Mechanik ist die Tatsache, dass Zug, Druck und Stoss, oder allgemein jeder direkte Kontakt zwischen zwei Körpern, das konkreteste und anschaulichste Darstellungsmittel zur Erklärung der physikali-

---

[47] Hier unterscheiden sich Physik und Chemie. Bei der chemischen Reaktion entstehen neue Substanzen mit neuen Eigenschaften.
[48] z.B. das Higgs-Teilchen
[49] Auf Seite 286 macht er Vorschläge zu folgenden Gebieten: Weltwissenschaftserbe – Vollständigkeit – Sicherung – Dokumentation – Datenreduktion – Offenheit – Berechenbarkeit – Reproduzierbarkeit – Metadaten – Support.

schen Vorgänge bilden. Zudem entwickelte Newton – und von ihm unabhängig Leibniz – die Infinitesimalrechnung, womit der Mechanik das geeignete mathematische Werkzeug zur Verfügung stand. Auch heute noch dominiert die technische Mechanik das Ingenieurwesen und gehört zum Basiswissen der Bau- und Maschineningenieure.

Aus der klassischen Mechanik wurde eine ‚Theorie von allem' entwickelt. Nach Laplace ist aufgrund der mechanischen Gesetze die Zukunft voll determiniert. Um die Zukunft vorhersagen zu können, müsste man die Anfangsbedingungen sämtlicher Körper kennen. Die Berechnungen wären aber dann so kompliziert, dass man dies praktisch nicht durchführen könnte. In dieser Zeit sprach man nicht mehr viel von Feldern; einzige Ausnahme war das Gravitationsfeld. Selbst in der Theorie des Lichtes dominierte die Newtonsche Auffassung von Korpuskeln. Erst als man Interferenzerscheinungen nachweisen konnte, begann sich die Auffassung von Huygens durchzusetzen, dass Licht Wellencharakter hat. Bei der Erforschung der Elektrizität führte der geniale Experimentator Faraday den Begriff der Feldlinien ein und in der Theorie von Maxwell sind Quellen und Felder fundamental miteinander verbunden.

In der zweiten Hälfte des 19. Jahrhunderts wurde die Theorie der Wärme, die Thermodynamik, entwickelt. Dort spielen Potenziale[50] und Zustandsvariablen wie Temperatur, Druck und Volumen eine Rolle. Sie sind für die physikalische Chemie von grosser Bedeutung. Bei den Potenzialen begegnet man wieder der Kontiuumslehre. Ihre Anhänger, wie zum Beispiel Ostwald und Mach, verneinten die Existenz von Atomen und sahen in der Energie und der Entropie die fundamentalen Prinzipien der Physik. Für die Exponenten der Atomistik war die Temperatur aber eine Folge der Brownschen Bewegung der Atome oder Moleküle. Und die Entropie wurde ihres mystischen Gehalts entzaubert, als Boltzmann sie als Wahrscheinlichkeit eines bestimmten Zustands interpretieren konnte. Zum Schluss setzte sich in der Physik die mechanistische Auffassung durch.

---

[50] Beispiele: Energie, Entropie, Freie Energie, Freie Enthalpie (Gibbsches Potenzial)

Mit Planck wurde ein neues Kapitel in der Geschichte der Physik aufgeschlagen. Licht hatte nicht nur Wellen-, sondern auch Teilchencharakter und Einstein konnte damit in seinem ‚annus mirabilis'[51] den lichtelektrischen Effekt erklären. Als dann De Broglie den Wellen-Teilchen-Dualismus für das Elektron in mathematischer Sprache formulierte und Heisenberg und Schrödinger ihre fundamentalen Arbeiten zur Quantenmechanik geliefert hatten, kam die Zeit der friedlichen Koexistenz von Teilchen und Felder.

Quantenfeldtheorie

Dieser Friede dauerte solange, bis Feynman eine weitere theoretische Beschreibung zum Doppelspaltexperiment lieferte. Danach müssen alle möglichen Wege, die ein Elektron zwischen Quelle und Schirm nehmen könnte, berücksichtigt werden. Dies wird oft als ‚Pfadintegralformalismus' oder ‚Summe aller Geschichten' bezeichnet. Seine Theorie liefert zwar die gleichen Ergebnisse wie die Schrödinger-Gleichung, ist aber nun fest im Teilchenbild der Natur verankert. Von grosser Bedeutung ist Feynmans Beitrag zur Quantenfeldtheorie. In der Quantenfeldtheorie werden die Prinzipien der klassischen Feldtheorie und der Quantenmechanik zur Bildung einer erweiterten Theorie kombiniert [Wi]. *„Fasst man die Quantenmechanik als die moderne Theorie eines materiellen Teilchens (oder einiger weniger Teilchen) auf, so kann man die Quantenfeldtheorie als geeignete Erweiterung zur Behandlung von sehr vielen Teilchen und damit sehr vielen Freiheitsgraden auffassen (M. Kuhlmann, p. 205 in [7])."* Bereits Dirac hat an dieser Theorie gearbeitet und damit die Antimaterie vorhergesagt. Der Nachweis von Antiteilchen ist bestens experimentell abgestützt. In Feynmans Quantenelektrodynamik werden nebst den messbaren Grössen wie Energie und Impuls der Teilchen auch die wechselwirkenden Teilchen oder Felder quantifiziert. Anstelle von Feldern sind nun die Elektronen von virtuellen Photonen umgeben[52]. An sich kreiert man damit nur ein anderes Wort für das

---

[51] Im Jahr 1905, als Einstein am Patentamt in Bern arbeitete, publizierte er vier Beiträge, die das Weltbild der Physik veränderten: Erklärung des Photoefekts, Brownsche Bewegung in Flüssigkeiten, Quantentheoretische Erklärung der spezifischen Wärme in Festkörpern, Spezielle Relativitätstheorie.

[52] Genauer: Elektronen können auf ihrem Pfad virtuelle Photonen emittieren und absorbieren.

umgebende Feld. Mit der bildlichen Darstellung in Form der Feynman Diagramme aber verankert man im Bewusstsein der Menschen, dass nun alles aus Teilchen bestehen sollte. Auch die Weiterentwicklung, die zur Elementarteilchenphysik führte, zementiert dieses Bild, obwohl die theoretischen Physiker sicher im Hinterkopf wissen, dass damit die Felder nicht aus der Physik verbannt sind. Leider gab es kein zweites Genie wie Feynman, welches auf Basis der Schrödinger-Gleichung eine Quantenelektrodynamik entwickelt hat, womit die Gleichwertigkeit des Teichen- und des Wellenbildes wieder hergestellt worden wäre. So hat auch hier wieder die anschauliche Mechanik gesiegt.

<u>Der klassische Grenzfall</u>
Die Newtonsche Mechanik, die Elektrodynamik, die Optik und die Thermodynamik sind historisch alle vor Einsteins Allgemeiner Relativitätstheorie und der Quantentheorie entwickelt worden. Es stellt sich die Frage, ob diese Teilgebiete der Physik – sie gehören zur Newton-Welt – nur die nullte Näherung der genannten fundamentaleren Theorien seien. Zu mindestens die Einsteinsche Theorie der Gravitation enthält das Newtonsche Gravitationsgesetz als Grenzfall. Dabei geht es nicht darum, ob Einsteins Theorie richtig oder falsch sei, es geht darum, ob seine Theorie den allgemeinen Fall repräsentiert und die Gravitation nach Newton ein spezieller Fall ist.

Weit schwieriger ist die Situation bei der Quantentheorie. Das Standardmodell der Elementarteilchen, mit dem viele Physiker alles erklären wollen, basiert auf der Quantenfeldtheorie. Danach sollte es ausser der starken Kraft, der elektromagnetischen Kraft, der schwachen Kraft und der Gravitation keine weiteren Wechselwirkungen im ganzen Universum geben. Feynman hat in seinem berühmten Büchlein QED [9] gezeigt, dass die Gesetze der geometrischen Optik im Prinzip auch aus den Pfadintegralen ableitbar sind. Dabei stösst man bei der praktischen Durchführung schnell an Grenzen, die kaum überwindbar sind. In vielen Fällen scheint aber Schrödingers Ansatz erfolgreicher zu sein, wenn man Quantenphänomene im Grenzgebiet von Heisenberg- und Newton-Welt erklären will. So kann der Tunnel-Effekt sehr gut mit der Schrödinger-Gleichung erklärt werden. Damit stösst man ins Gebiet der Tieftemperaturphysik vor und kann den Josephson- und den Quantenhall-Effekt verstehen. Selbst das Bändermodell der Halbleiterphysik wurde unter zur Hilfename der Schrödinger-Gleichung entwickelt. Damit drängt sich für den praktischen Physiker die Schlussfolgerung auf: Beschreibt und beobachtet man Systeme, die weit weg vom Grenzfall liegen, so ist die Quantenelektrodynamik dem Problem angepasst; im Grenzgebiet aber führt der Wellenansatz schneller zu brauchbaren Resultaten.

Beim klassischen Grenzfall sind Situationen zu untersuchen, bei denen die Grösse des Planckschen Wirkungsquantum h klein gegenüber den anderen Variablen ist. Die Frage lautet: ‚Warum ist makroskopisch die Superposition von Zuständen nicht beobachtbar, wie man das von der Quantenphysik her erwarten würde?' - Serge Haroche und David Wineland, die 2012 den Physik-Nobelpreis erhielten, ist es gelungen, ein einzelnes Photon oder ein einzelnes Ion solange in einer Falle einzuschliessen und so Experimente aufzubauen, bei denen man der Superposition auf der Spur ist.

Etwas anderes kann man aus dem Doppelspaltexperiment lernen. Wie man weiss bestimmt der Aufbau der Messapparatur das Ergebnis, das man in der Quantenwelt findet. Die Messapparatur selbst gehört aber zur Newton-Welt und steht damit in Wechselwirkung mit der Umgebung. Man müsste nun System, Messapparatur und Umgebung mit der Schrödinger Gleichung erfassen können, wobei weiterhin das Superpositionsprinzip gelten müsste. Da dies aber praktisch unmöglich ist, steht man vor einem unlösbaren Problem. Der Weg zurück von der Heisenberg-Welt in die Newton-Welt scheint damit verbaut zu sein.

Die Entstehung klassischer Eigenschaften durch die unvermeidbare Wechselwirkung mit der Umgebung bezeichnet man als Dekohärenz. Die Dekohärenz ist irreversibel. Die vielen Einflüsse der Umgebung zerstören die Information über die lokale Superposition, und diese Eigenschaft kann man an einem makroskopischen Objekt nicht beobachten. Man spricht in der Kopenhagener Interpretation der Quantenmechanik vom Kollaps, welcher bei der Messung unweigerlich auftritt. Dies ist auch die Begründung, warum man Schrödingers Katze nicht im Zustand der Superposition wahrnehmen kann.

Dieser für viele Physiker unbefriedigende Situation versuchte man mit anderen Ansätzen beizukommen. Da gibt es die Viele-Welten-Theorie, welche der Schrödinger-Gleichung uneingeschränkte Gültigkeit zukommen lassen will. Danach verzweigt sich die Wellenfunktion bei der Messung in verschiedene Abschnitte, welche nicht miteinander interagieren können. Dadurch entstehen ‚verschiedene Welten'. Die viele Welten-Interpretation kann keine neuen Aussagen zu den experimentell gefundenen Resultaten machen und es gibt keine Möglichkeit, sie experimentell zu überprüfen.

Eine andere Interpretation und eine alternative mathematische Beschreibung der Quantenmechanik ist die De-Broglie-Bohm-Theorie. Der Welle-Teilchen-Dualismus wird in der Bohmschen Mechanik dadurch berücksichtigt, dass zusätzlich zur Wellenfunktion Ψ eine Gleichung für den Ort des Teilchens angegeben wird. *„Der springende Punkt ist, dass für Ψ nach wie vor die Schrödinger-Gleichung gilt und das die Verteilung der Teilchenkoordinaten wie gehabt aus dem Quadrat der Wellenfunktion folgen soll. Ψ lenkt als eine Art Führungswelle die Teilchen .... Deshalb ergibt sich auch kein Widerspruch zur Unbestimmtheitsrelation. Beispielsweise geht beim Doppelspaltexperiment die Wellenfunktion durch beide Spalte, das damit verknüpfte Teilchen aber nur durch einen (Kiefer, p.78 [18])."* Vor allem die Philosophen, die sich Gedanken zur Quantenmechanik machen, lieben die Bohmsche Mechanik, da sie sich von allen Interpretationen am besten in ihr Gedankengebäude integrieren lässt [7]. Durch Experimente lässt sich nicht entscheiden, welche Interpretation die richtige ist.[53]

---

[53] ‚Ignoramus et ignorabimus' (lat. ‚Wir wissen es nicht und wir werden es niemals wissen') ist ein Ausspruch des Physiologen E.H. Du Bois-Reymond [Wi]. Er ist ein Ausdruck der Skepsis gegenüber der Erklärungsansprüche der Naturwissenschaften.

Weltmodelle

Man könnte nun sagen, mit den Pfadintegralen und der Schrödinger-Gleichung habe man die Beschreibung von allem gefunden. Beide sind deterministisch, lassen aber nur Wahrscheinlichkeitsaussagen zu. Einzig praktische Schwierigkeiten würden dazu führen, dass man nicht alles berechnen kann. Damit könnte der Laplacesche Weltgeist in anderer Form wieder auferstehen. Viele Physiker können der Versuchung nicht widerstehen, ihre auf einem Gebiet gefundenen Erkenntnisse zu verallgemeinern und auf alles anzuwenden. Sie verlassen aber damit das Gebiet der Physik und begeben sich – wie Mach schon gesagt hat – in das Gebiet der Metaphysik. Denn streng genommen gehören zur Physik nur solche Dinge, über die man Informationen erhalten kann[54]. Über virtuelle Dinge, wie die Photonen im QED-Modell, kann man mit keinem Messinstrument Informationen erhalten; man könnte auch sagen, sie tragen keine Information. Damit können sie sich rechnerisch mit Überlichtgeschwindigkeit bewegen. Hier soll noch eine Bemerkung zum Standardmodell der Elementarteilchen gemacht werden. Dort erklärt man das Gravitationsgesetz mit einem Wechselwirkungsteilchen, welches man als Graviton bezeichnet. Es spielt zwar wegen der geringen Gravitationskraft im Vergleich zu den anderen Kräften im atomaren Bereich keine Rolle. Möchte man aber diesen Ansatz auf makroskopische Gebilde wie Billardkugeln, die Erde oder Sterne anwenden, dann würde die Dekohärenz dazu führen, dass man mit den Gravitonen nichts erklären kann.

Reale Photonen sind Träger von Information. Von ihnen erhalten wir Informationen auch von weit entfernten Galaxien. Sie können sich nicht schneller als mit Lichtgeschwindigkeit bewegen. Die Lichtgeschwindigkeit könnte man deshalb auch als Informationsgeschwindigkeit bezeichnen. Geht man mit Zeilinger [43] einen Schritt weiter, so darf man nur solchen Partikeln Realität oder Wirklichkeit zubilligen, die Information tragen. Alles andere sind Phantome oder Artefakte.

---

[54] Möglicherweise gibt es Dinge, die mit den heutigen Messgeräten noch nicht nachgewiesen werden können. Zudem muss der Informationsempfänger nicht ein lebendes Wesen sein.

Quantenphysik und Allgemeine Relativitätstheorie sind die grossen Errungenschaften in der Physik des zwanzigsten Jahrhunderts. Dabei muss man sich bewusst sein, dass diese beiden Theorien auf anderen Fundamenten stehen. Die Allgemeine Relativitätstheorie basiert auf einer kausalen, deterministischen Weltsicht. Demgegenüber ist die Quantenphysik akausal und es können nur Wahrscheinlichkeiten für künftige Ereignisse angegeben werden. Sogar die Zeit kann in der QED rückwärts laufen oder Ursache und Wirkung können vertauscht werden.

Wenn man die Entwicklung des Universums zurückverfolgt, wie dies bei der Beobachtung von entfernten Objekten immer der Fall ist, dann sind wir solange in einer kausalen Welt, bis wir bei der Mikrowellen-Hintergrundstrahlung angelangt sind. Wenn wir weiter zurückgehen, dann kommen wir in die Quantenwelt, mindestens wenn man den heutigen kosmologischen Modellen vertraut. Man sollte deshalb den Nullpunkt auf der Zeitachse dort legen, wo der Übergang von der Quantenwelt zur kausalen Welt stattfand. Was vorher stattfand, liegt dann auf der negativen Seite der Zeitachse. Dieser Übergang, den man als die grosse Dekohärenz bezeichnen könnte, ist deshalb der Ausgangszustand – die Anfangsbedingung – für die Entwicklung des Universums, in dem wir leben.

Die Quantenphysik gibt uns wegen der Dekohärenz keinen Schlüssel für die klassische Physik. Dies gilt sowohl im Grossen – der Kosmologie – als auch im Kleinen, wenn man die Schrödinger-Gleichung auf makroskopische Objekte anwenden will. Es ist deshalb Abschied zu nehmen von Weltmodellen und Weltformeln [21]. Die Physik bleibt eine babylonische Wissenschaft[55]. Für bestimmte Arbeitsgebiete wie die klassische Mechanik oder die Elektro- und die Thermodynamik hat man mathematische Beschreibungen gefunden und im Rahmen dieser Arbeitsgebiete ist Physik eine exakte Wissenschaft. Versucht man den griechischen Ansatz und will eine ‚Theorie von allem' entwi-

---

[55] Hier nehme ich Bezug auf Feynmans Aussage zu der babylonischen und der griechischen Mathematik [8].

ckeln, dann ist man mit seinen Schlussfolgerungen schnell in der nullten Näherung.

Logos oder Mythos?

Da der Weg zurück von der Heisenberg- in die Newton-Welt durch die Dekohärenz versperrt ist, versuchen die Theoretiker in die andere Richtung zu gehen und noch mehr in die Tiefe zu dringen. In der Zwischenzeit hat man sich daran gewöhnt, dass ihre Hypothesen experimentell nicht überprüfbar sind. Diese mathematischen Physiker sind die neuen Autoritäten, denen man vertrauen muss. Damit sind wir zurück im Zeitalter des Logos. In der Zwischenzeit wird über Strings (Fäden) und über die M-Theorie diskutiert und wir müssen an die Existenz des Multiversums glauben, auch wenn man darüber keine Informationen erhalten kann. H. Dieter Zeh [42] macht dazu einen bissigen Kommentar:

„Aber leider, so muss man lesen, entspricht der M-Theorie kein (verstehbares) ‚fundamentales Prinzip', was W.[56] als ein ‚grosses Rätsel' bezeichnet. Trotzdem soll sie eine ‚theory of everything' sein (noch mehr Rätsel!). Aber es gibt ‚absolutely no tie to experiment'. Und dabei habe ich bisher immer gedacht, Physik sei eine empirische Wissenschaft. ....Lassen sich den letzten Absatz von T.[56] auf der Zunge zergehen: ‚String theorysts have no idea where that progress (!) is leading them.' According to H.[56], they ‚still have to figure out what the hell it all has to do with reality'. Fiese Frage lässt immerhin die mögliche Antwort ‚gar nichts' zu. Nur – woher wissen die Herren eigentlich, dass sie Physik betreiben? Vorerst sollte man ihre Beschäftigung als das bezeichnen, was sie bisher ist: ein sehr interessantes Gebiet der Mathematik unter Benutzung von Begriffen, die vage der Physik entlehnt sind."

---

[56] Mit W. T. und H. sind String-Theoretiker gemeint.

Man könnte meinen, wir seien schon nicht mehr im Zeitalter des Logos, wir seien wieder beim Mythos, der die Schöpfungsgeschichten der vielen Universen erklärt. So kommen wir zurück zu unserer Volksweise:

Dreh dich, dreh dich, Rädchen,
Spinne mir ein Fädchen,
Viele hundert Ellen lang!
Darum Rädchen, ohne Ruh',
Dreh dich, dreh dich immerzu.

Die Münze mit dem Januskopf steht für gewöhnlich für den Anfang und das Ende. Hier soll sie aber die zwei Sichtweisen der Physik illustrieren.
<u>*Links:*</u> *Die reduktionistische Sicht der Physik, die nach immer kleineren Strukturen sucht und die Weltformel finden möchte.*
<u>*Rechts:*</u> *Die emergente Sicht der Physik, nach der Ordnungsphänomene von verschiedenen Agenten zu neuen Erscheinungsformen und Gesetzen führen.*

Teil II: Die Suche nach Ordnung in emergenten Systemen

9

Kausalität und Lokalität

Schwör' nicht beim Mond, dem wandelbaren
(W. Shakespeare: Romeo und Julia)

Paradoxie des Haufens

Die alten Griechen haben sich nicht erst seit Sokrates, Platon und Aristoteles mit Philosophie beschäftigt. Einer von ihnen, Zenon von Elea, hat uns einige Rätsel überliefert, die sich aus der Umgangssprache ergeben[57]. Das berühmteste Paradoxon ist das von Achilles und der Schildkröte. Der schnelle Renner Achilles kann die Schildkröte nicht einholen, da sie immer ein Stück weiter gekrochen ist.

Ebenso interessant ist das Sandhaufenproblem. Nimmt man von einem Sandhaufen ein Sandkorn weg, so ist der Sandhaufen immer noch ein Sandhaufen. Hat man noch einen Sandhaufen, wenn nur noch hundert oder zehn Sandkörner vorhanden sind? Wann hört der Sandhaufen auf, ein Sandhaufen zu sein? Ist ein einziges Sandkorn auch schon ein Sandhaufen? – Fragen über Fragen!

Nun kann man das Paradox des Haufens auch auf ein Gas anwenden. Im folgenden Gedankenexperiment ist ein Gas – nehmen wir an das Edelgas Helium – in einem Kasten mit dem Volumen V eingeschlossen. Am Kasten angebracht ist ein Druckmessinstrument. Dieses zählt die pro Sekunde auf seine Fläche auffallenden Atome oder Moleküle, gibt also eine Zahl an, welche proportional zum gemessenen Druck p ist. Der Kasten selbst hat die Umgebungstemperatur T. Das eingeschlossene Gas hat dann drei Zustandsvariablen V, p und T. Nun sitzt aber im Kasten der Maxwellsche Dämon. Er hat sich

---

[57] Die Begriffe der Umgangssprache sind oft nicht streng definiert, wodurch sich Fehlüberlegungen einschleichen können. Die mathematische Sprache ist demgegenüber streng logisch, so dass sich da keine Fehlschlüsse ergeben.

eine neue Fertigkeit angeeignet. Er kann Atome oder Moleküle verschlucken und sie später, wenn er will, wieder ausspucken.

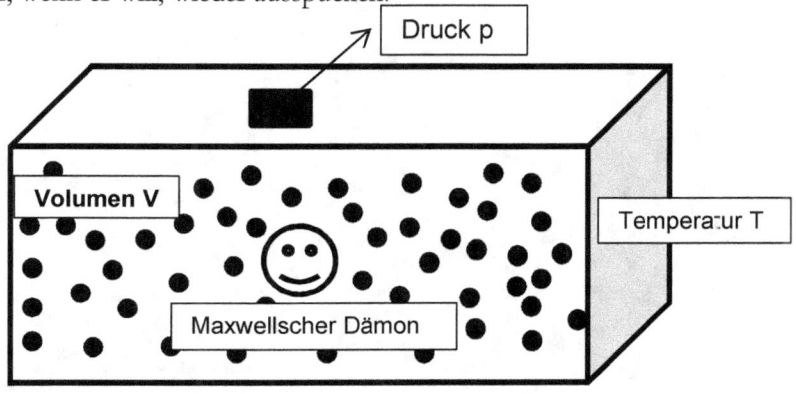

Abb. 15: Maxwellscher Dämon

Nun beginnt der Dämon sein teuflisches Werk. Er verschluckt ein Atom nach dem andern. Dadurch sinkt der Druck; Temperatur und Volumen bleiben gleich. Kann man noch von einem Gas sprechen, wenn nur noch 100 oder oder gar 10 Atome im Kasten sind? Das Druckmessinstrument, welches die Aufschläge auf die Messfläche zählt, gibt nun meistens den Wert Null an. Nur sporadisch registriert es einen Aufschlag und zehn Aufschläge pro Sekunde, das ist sehr unwahrscheinlich. – Es geht aber weiter. Am Schluss sind nur noch zwei Heliumatome im Innern. Der Dämon, ein Physiker hat nun ein paar Fragen: ‚Wie bewegen sich die beiden Atome? Was passiert, wenn sie zusammenstossen oder aneinander gestreut werden?' Er macht nun zuerst zur Zeit t_1 eine Momentaufnahme vom Ort, wo sich die Atome befinden. Dann, nach kurzer Zeit, macht er zum Zeitpunkt t_2 eine zweite Aufnahme und die Atome sind nicht mehr am ursprünglichen Ort (vgl. Abbildung 16). Was passierte zwischen t_1 und t_2? – Nicht mal der Dämon weiss es, aber Feynmans Quantenelektrodynamik zeigt verschiedene Alternativen auf, wie sich das Ganze abgespielt haben könnte.

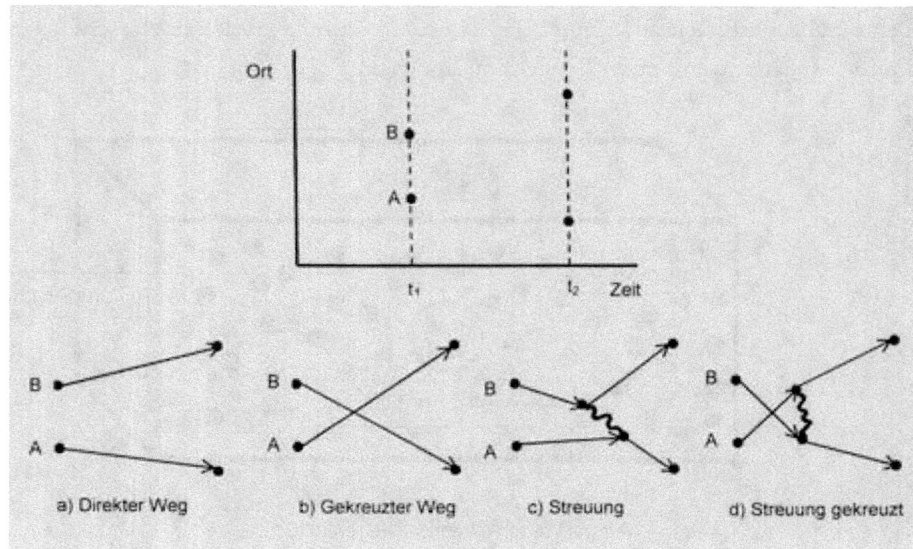

Abb. 16: Verschiedene Pfade nach Feynman [6]

Die Heliumatome können den direkten Weg genommen oder sich auf ihrer Bahn gekreuzt haben. Es könnte aber auch sein, dass es zu einer Kollision von Teilchen A mit Teilchen B gekommen ist, wobei virtuelle Photonen ausgetauscht wurden. Auch dabei könnten sich die Partikel gekreuzt haben. Der Dämon muss alle diese Wege in der Berechnung berücksichtigen, damit er die Wahrscheinlichkeit berechnen kann, dass zum Zeitpunkt t_2 die Heliumatome am registrierten Ort zu finden sind[58]. Nun aber lassen sich die einzelnen Heliumatome nicht voneinander unterscheiden. Es ist also gar nicht möglich, den Weg von Teilchen A zu verfolgen, da A und B vertauschbar sind, ohne dass sich dadurch irgend etwas ändert. Da wird der Dämon wütend und er spuck einige Hundert Heliumatome aus, aber auch dann sind sämtliche Teilchen miteinander austauschbar, ohne dass sich dabei etwas verändert.

Nun geht der Dämon der Frage nach, ab wie vielen Atomen man nun von einem Gas sprechen konnte. Er beobachtet deshalb das Druckmessinstru-

---

[58] Die Anhänger der Schrödinger-Gleichung würden sagen, die beiden Atome A und B haben eine gemeinsame Wellenfunktion (Superpositionsprinzip).

ment. Wenn das Druckmessgerät einen Wert für die auffallenden Atome registriert, der sich deutlich von Null unterscheidet, dann bewirken die Atome einen Druck und bewegen sich mit einer mittleren Geschwindigkeit, welche als Temperatur interpretiert werden kann. Druck und Temperatur sind emergente Eigenschaften des Gases und nicht der einzelnen Atome. Nun postulierte der Dämon, dass mit der Emergenz gleichzeitig auch die Dekohärenz auftritt. Zwar könnten die Heliumatome weiter vertauschbar sein, Berechnungen mit den Bewegungen dieser Agenten sind aber wegen ihrer grossen Zahl nicht möglich.

Danach startet der Dämon zu einem weiteren Experiment. Er spuckt Argonatome in grosser Zahl in Richtung einer Wand des Behälters. Argon und Helium sind nicht vertauschbar, das wusste er. Aber nun begann ein neues Phänomen: Die Argon- und Heliumatome vermischten sich immer besser, so dass nach einiger Zeit die beiden Atomsorten gleichmässig im Volumen verteilt waren. Und der Dämon stellte sachlich fest, dass die Entropie im System zugenommen habe.

Die Entropie ist eine Eigenschaft des Gases und nicht der einzelnen Atome. Dass die Entropie zunimmt, ist zuerst mal ein Erfahrungssatz. Aber die Erfahrung sagt nur, dass wahrscheinliche Vorgänge mehr passieren als unwahrscheinliche. Der Treiber der Entropiezunahme ist die kinetische Energie, die in den Atomen steckt und die wir Brownsche Bewegung nennen. Dadurch ist die Temperatur des Gases gegeben, welche im thermodynamischen Gleichgewicht gleich gross ist, wie die Temperatur des Kastens. Bei sehr tiefen Temperaturen erlahmt die Brownsche Bewegung und die Entropie nimmt in einem solchen System nur sehr langsam zu. Die Entropiezunahme ist kein Mass für die Zeit[59]. Wenn der Gleichgewichtszustand erreicht und die Entropie ihren Maximalwert erreicht hat, dann steht die Zeit still. Der Dämon kann nicht mehr zwischen vorher und nachher unterscheiden, da er keine Veränderung

---

[59] Die thermodynamischen Gleichungen sagen nicht aus, wie schnell ein Vorgang abläuft. Die Zeit ist keine Variable in den thermodynamischen Potenzialen.

beobachten kann. Er selbst kann sich auch nicht mehr verändern, und er erstarrt deshalb zur Mumie.

Uns bleiben am Schluss dieses Gedankenexperiments offene Fragen:
- Ist Kausalität nur eine Frage der Wahrscheinlichkeit? – Gibt es eine strenge Kausalität gar nicht?
- Ist Energie die Ursache der Dekohärenz und der Emergenz und somit Ursache des Lebens?
- Gibt es eine fortlaufende Zeit oder steht die Zeit irgendwann still, weil das Universum das Maximum der Entropie erreicht hat?

<u>Lokalisierung makroskopischer Gegenstände</u>
Verfolgt man die Abkühlung eines Gases – nehmen wir zum Beispiel Wasserdampf – von hohen Temperaturen zu niedrigeren, so lassen sich verschiedene Phasen mit jeweils charakteristischen Eigenschaften unterscheiden. Wasserdampf verflüssigt sich und bei noch tieferen Temperaturen bilden sich Eiskristalle. Bei jedem Phasenübergang wird Energie gebunden, wobei gleichzeitig die Entropie abnimmt. Damit entstehen geordnete Strukturen. Bei sehr tiefen Temperaturen zeigen Gase wie Helium Superfluidität und einige Metalle Supraleitung. Je tiefer die Temperatur, desto geringer ist der Einfluss der Umgebung. Die Schwingungen der Atome im Kristallgitter können die Supraleitung nicht mehr zerstören.

Jede dieser Phasen zeigt andere emergente Eigenschaften. Kristalle besitzen eine Gitterstruktur und haben eine bestimmte Härte. Es gibt Isolatoren, Leiter und Halbleiter, um nur einige Eigenschaften zu nennen. Im gasförmigen Zustand stellte man die Ununterscheidbarkeit der Atome oder Moleküle fest. Diese Teilchen haben keine individuellen Eigenschaften und niemand kann sagen, welches Teilchen gerade auf die Wand aufgeprallt ist. Konsequenterweise sind sie gegeneinander austauschbar. Nun stellt sich die Frage, ob dies auch noch innerhalb eines kristallinen Festkörper gilt. Was passiert, wenn man zum Beispiel einen Quarzkristall in verschiedene Teile bricht? Sind dann die Siliziumatome auch über eine grössere Distanz austauschbar? Diese Frage könnte höchstens ein Dämon beantworten, und sie ist für die experimentelle Physik praktisch irrelevant. Die Dekohärenz hat dafür gesorgt, dass der Kristall lokale Eigenschaften hat. Damit ergibt sich die Regel, dass Dekohärenz zu emergenten Eigenschaften führt, wobei die wichtigste Eigenschaft die Lokalität ist.

Experiment und Kausalität
Physik ist eine experimentelle Wissenschaft. Was wir gesichert aus der Quantenwelt wissen, stammt aus durchgeführten Experimenten. Der prinzipielle Aufbau dieser Experimente besteht aus einer Quelle und einem Detektor und einem Zwischenraum, den die zu untersuchenden Partikel durchqueren müssen. In diesem Zwischenraum können verschiedene Hindernisse wie Gitter oder Spalte angebracht sein. Sie können auch dazu dienen, die Teilchen zu beschleunigen oder abzubremsen.

Man kennt Lichtquellen, Elektronen- und Ionenquellen und Quellen von Neutrinos. Es gibt natürliche Quellen, wie zum Beispiel radioaktive Substanzen, und technische Quellen, wie zum Beispiel Laser oder Gasentladungen, aus denen Elektronen oder Ionen extrahiert werden. Daneben gibt es Kaskaden, wobei Teilchen aus einer Quelle zuerst beschleunigt werden und dann auf ein Target treffen, welches dann zur Quelle für weitere Teilchen wird. Beispiele sind das Zyklotron und die grossen Beschleuniger wie der Large Hadron Collider. Als Detektoren kennen wir Fotoplatten, Fotomultiplier, Nebelkammern, um historisch wichtige Nachweisgeräte zu nennen. Bei anderen Detektoren versucht man bekannte Reaktionen nachzuweisen, die zum Beispiel ein Neutrino registrieren können. Hohe Komplexität weisen die Detektoren im CERN aus, wobei die Auswertung nur noch durch schwierige Rechenvorgänge auf vernetzten Computern möglich ist.

Zwischen Quelle und Detektor geht man immer von einer Ursache – Wirkung – Beziehung aus. Die Quelle sendet ein Teilchen aus und es wird nachher im Detektor registriert. Damit ergibt sich auch eine Richtung für den Zeitablauf. Man weiss zwar nicht was das Teilchen – oder die Teilchen – auf ihrem Weg von Quelle zum Detektor machen und welchen Weg sie nehmen. Und die Theorien lassen nur eine Wahrscheinlichkeitsaussage zu, wo ein Teilchen nachgewiesen werden kann. Wir kennen keine strenge Kausalität für den Weg des Teilchens. Aber der zeitliche Ablauf und die Ursache – Wirkungsbeziehung zwischen Quelle und Detektor bleibt.

Die theoretischen Modelle der Quantenphysik, soweit wir denen vertrauen können, kennen diese Beziehung nicht. Ursache und Wirkung können vertauscht werden und die Zeit kann vorwärts und rückwärts laufen. Mit dem Aufbau eines Experiments bringt man aber eine reale Umwelt in die noch ungestörte Quantenwelt. Damit müssen Umweltbeziehungen berücksichtigt werden. Es ist deshalb sinnvoll, von einer ersten Dekohärenz zu sprechen, wobei Ursache – Wirkungsbeziehungen und ein gerichteter Zeitablauf in Erscheinung treten. Die Umwelt kann nicht nur künstlich durch den Aufbau des Experiments geschaffen werden. Die Natur selbst schafft Umweltbedingungen für die Teilchen und erzwingt so die Kausalität. Sie sorgt auch für die zweite Dekohärenz und schafft die Lokalität.

In der Literatur findet man Angaben zu den Dekohärenzzeiten, nach der die Interferenz unter dem Einfluss der Umweltbedingungen verschwindet. Sie beträgt für ein freies Elektron im Ultrahochvakuum bei 300 K 10 Sekunden und bei Normaldruck 10^{-12} Sekunden. Ein Staubteilchen von 10 µm liegen diese Werte bei 10^{-4} und 10^{-18} Sekunden [18]. Die grössten Teilchen, mit denen Doppelspaltexperimente durchgeführt und Interferenzerscheinungen nachgewiesen wurden, sind Fullerene[60] [43]. Sie haben einen Durchmesser von 1 Nanometer sind also 10'000 mal kleiner als das erwähnte Staubkorn, aber viel, viel grösser als ein Elektron. Es sind extreme Anforderungen, die an eine solche Versuchsaufbau gestellt werden müssen und ein Ultrahochvakuum bei 300 K ist wegen der zu erwartenden Dekohärenzzeiten ungenügend.

---

[60] Fullerene bestehen aus sechzig Kohlenstoffatome, die in einem Gitter angeordnet sind.

Quanteneffekte in der Newton-Welt
In der Newton-Welt gilt die Kausalität, die Lokalität und der Pfeil der Zeit [28]. Es stellt sich die Frage, ob mit der Dekohärenz alle Quantenphänomene verschwunden seien. Dies ist sicher nicht so. Man beobachtet den Tunneleffekt beim Rastertunnelmikroskop und bei der Supraleitung. Dort bilden sich Cooper-Paare, wobei sich zwei Elektronen so verbinden, dass sie zu einem Boson werden. Licht oder Photonen entstehen beim Übergang eines Elektrons von einem höheren Energieniveau auf ein tieferes. Atome gehen Bindungen mit anderen ein und man spricht dann von Molekülen. Allerdings reicht zur Erklärung meist ein vereinfachtes Modell: Das Bohrsche Atommodell, ergänzt mit dem Pauli-Prinzip. Man kann dabei gut und gerne von der bildhaften Quantenphysik sprechen, wobei man sich Atome, Ionen und Elektronen als kugelartige Teilchen vorstellt. Diese Modellvorstellungen sind in der Praxis sehr erfolgreich. Laser, p- und n-Halbleiter, Transistoren, Computerchips und Handys wurden auf Basis dieses Modells entwickelt. Die auf der Quantenphysik basierende Technik ist heute allgegenwärtig.

Trotz dieser Erfolge wissen wir nicht, was im Innersten der Atome und Elementarteilchen bei diesen Prozessen wirklich vorgeht. Wir sehen – um ein Bild zu gebrauchen – die Benutzeroberfläche, und auf der können wir unsere Programme und Applikationen abrufen und steuern, was aber im Innern dieses Computersystems abläuft, ist uns verborgen und interessiert uns meistens nicht.

Emergenz und Wechselwirkungen
Trotz der obigen Aussage: Emergenz lässt sich nicht durch das Verhalten der Agenten erklären. Agenten in emergenten Systemen sind autonome, miteinander wechselwirkende oder kooperierende Elemente. Dadurch entstehen neue Eigenschaften des Gesamtsystems, die mit Hilfe der getrennten Teile entweder nicht erfasst werden oder gar nicht existieren. *Emergenz ist dadurch gekennzeichnet, dass auf höherer Ordnungsebene Merkmale auftreten, die nicht aufgrund*

bekannter Komponenten niedrigerer Ebene hätten vorhergesagt werden können[61]. Auf der Quantenebene haben wir die Ununterscheidbarkeit der Elemente; was sie auf der lokalisierten Ebene bewirken, kann aufgrund der Quantenphysik aber nicht gesagt werden (Unvorhersagbarkeit).

Die reale Umgebung bewirkt die erste und die zweite Dekohärenz und dabei entstehen emergente Erscheinungen: Die Kausalität und die Lokalität. Beide werden in Einsteins allgemeiner Relativitätstheorie vorausgesetzt. Die Entwicklung des Universums konnte demnach erst einsetzen, als diese Bedingungen erfüllt waren. Erst dann war die Schöpfung vollendet und es gab die Raumzeit und Massen, die sie krümmen. Vorher konnte nur ein Tohuwabohu vorhanden sein ohne Kausalität und gerichteter Zeit. Dabei hatte die Entropie den maximal möglichen Wert. Wann aber nach dem Urknall entstand die reale Umgebung?[62] – Als Protonen zu Heliumkernen verschmolzen oder sich das Uruniversum genügend abgekühlt hatte? – Wir wissen es nicht.

Abb. 17: Der Blick in das Universum des Mittelalters

---

[61] Nach Ernst Mayr [Wi]
[62] Dies ist streng logisch eine unzulässige Frage. Wenn es keine Zeit gab, dann weiss man nicht, wie lange der Zustand des Tohuwabohu gedauert hat. Selbst die Frage, wann der Urknall stattgefunden hat, ist unsinnig.

Eine andere Frage drängt sich auf: Ist die Gravitation, die durch Einsteins Theorie ihr mathematisches Gewand hat, schon auf Ebene der Elementarteilchen vorhanden oder ist sie wie die Lokalität eine emergente Eigenschaft? Auf Ebene der Elementarteilchen, ja auch der Protonen und Elektronen spielt sie keine Rolle, da sie viel zu klein wäre, um messbare Effekte hervorzurufen. Wäre sie mit der Lokalität verbunden, dann müsste man sie aus dem Standardmodell herauslösen. Es wäre dann verständlich, warum man noch keine Quantengravitationstheorie entwickeln konnte. Es könnte dann auch sein, dass es auf der Ebene der Lokalität noch andere Wechselwirkungen als die Gravitation geben könnte, die wir noch nicht kennen. Die Geschichte der Physik ist noch nicht zu Ende geschrieben.

Lokalität und Kausalität sind jedoch nicht das Ende der Entwicklung. Sie selbst sind wieder Agenten für eine höhere Stufe mit neuen emergenten Eigenschaften. Julia meinte wohl kaum, der Mond habe Phasenübergänge und sie sprach auch nicht von Mondphasen. Ihre Aussage hatte eine tiefere Bedeutung:

Schwör' nicht beim Mond, dem wandelbaren,
der immerfort in seiner Scheibe wechselt,
damit nicht wandelbar dein Lieben sei.

10

Laughlins Neuerfindung der Physik

Genialität besteht zu einem Prozent aus Inspiration
(Th. A. Edison)

Auswirkungen von Erfindungen

‚Die Neuerfindung der Physik' ist der Untertitel von Robert B. Laughlins Buch [21]: ‚Abschied von der Weltformel'. Doch was bewirken Erfindungen? – Die grossen technischen Erfindungen haben unser Leben nachhaltig verändert. Dies gilt sowohl für das Handy, das Telefon, der Computer, das Auto um nur einige Beispiele zu nennen. Die Erfindung mit der grössten Auswirkung war wohl die Erfindung der Dampfmaschine, die James Watt zugeschrieben wird. Erste Verwendungen fanden diese neuen Maschinen als Pumpen im Bergbau, wobei Stollen entwässert werden mussten. Doch schon bald kam der Siegeszug der Dampfmaschine in der Industrie: Baumwollspinnereien, Webereien, Getreide- und Ölmühlen, Sägewerke, Eisengiessereien, sie alle setzten die neue Arbeitsquelle ein. Dabei wurde nicht nur die Wasserkraft, sondern auch die Muskelkraft von Tieren und Menschen ersetzt.

Der Ersatz von Muskelkraft durch die Maschine führte dazu, dass die Arbeiter vor allem Maschinen bedienen mussten. Der Besitz der Maschine stellte das Kapital dar. Mit der Industrialisierung verbunden war das aufkommen des Kapitalismus, oft auch als Manchester Kapitalismus bezeichnet. Kapital (gemeint sind Kapitalgüter wie Land und Maschinen) gab im Gegensatz zu Arbeit Anspruch auf Eigentum und Gewinne. Auf der andern Seite entstand das Proletariat, bestehend aus Menschen, die ihre ländliche Umgebung verlassen hatten und unter ärmlichen Verhältnissen ihr Einkommen in den Fabriken verdienten. Der deutsche Philosoph, Historiker und Ökonom Karl Heinrich Marx wollte durch eine Analyse des Kapitalismus dessen Überwindung herbeiführen. Zusammen mit Engels gilt er als Begründer des ‚wissenschaftlichen Sozialismus', auch bekannt als Marxismus. Das Ungleichgewicht von Arm und

Reich führte zu Spannungen und Revolutionen, bis hin zur Oktoberrevolution in Russland und zum Ost-Westgegensatz, der das ganze 20. Jahrhundert beherrschte.

Mit der Nutzbarmachung der Wärmeenergie in der Dampfmaschine wurde ein neues Kapitel in der Physik eröffnet: Die Thermodynamik. Der erste Hauptsatz macht eine Aussage über das Wesen der Wärme. Danach stellt die Wärmemenge eine Form von Energie dar. Dabei gilt das Prinzip der Erhaltung der Energie. Nach Robert Mayer ist in einem abgeschlossenen System der gesamte Energievorrat, also die Summe aus Wärmeenergie, mechanischer Energie und elektrischer Energie, konstant. Wenn nun der Energievorrat eines abgeschlossenen Systems konstant ist, ist es nicht möglich, eine Maschine zu konstruieren, welche Arbeit leistet, ohne die Energie aus einer äusseren Quelle zu schöpfen (Unmöglichkeit eines ‚Perpetuum Mobile' erster Art).

Der erste Hauptsatz macht eine Aussage über die Energiebilanz, die bei jeder Umwandlung von mechanischer Energie in Wärme und umgekehrt erfüllt sein muss. Ob eine solche Umwandlung unter gegebenen Bedingungen stattfindet und welcher Anteil umgewandelt wird, darüber sagt der erste Hauptsatz nichts aus. Aus Erfahrung wusste man, dass man mechanische Energie z. B. durch Reibung restlos in Wärme verwandeln kann. Wie stand es aber mit dem umgekehrten Vorgang? Bei seinen Untersuchungen an der Wärmekraftmaschine schematisierte Carnot die Vorgänge durch einen Kreisprozess. Mit dieser Abstraktion, bei der er von zwei grossen Wärmebehältern unterschiedlicher Temperatur ausging, konnte er zeigen, dass selbst unter idealen Bedingungen der Wirkungsgrad der Wärmekraftmaschine stets kleiner als Eins sein musste. Damit ergab sich die Schlussfolgerung, dass die Energieumwandlung nicht vollständig rückgängig gemacht werden kann. Auch ein ‚Perpetuum Mobile' zweiter Art ist nicht möglich. Die Weiterführung der Theorie durch Rudolf Clausius führte dann zu einer Grösse, die er Entropie nannte. Der zweite Hauptsatz sagt aus, dass in einem abgeschlossenen System bei Änderung des Zustands die Entropie zunimmt. Dieser zweite Hauptsatz ist ein Erfahrungssatz. Er besagt, dass in einem sich selbst überlassenes System sich ein Übergang von der Ordnung zur Unordnung vollzieht und nicht umgekehrt.

Welche Auwirkungen auf unser tägliches Leben wird Laughlins Neuerfindung der Physik haben? – Eigentlich ist es keine Neuerfindung der Physik, es ist eine Neu- oder Umorientierung des physikalischen Denkens, das heute stark reduktionistisch ausgerichtet ist. Mit immer grösseren Maschinen möchte man immer genauer wissen, wie die Natur beschaffen ist, und die Theoretiker möchten die ‚Theorie von allem' entwickeln. Dies ist nach Laughlin ein Irrweg. Laughlin sucht nach Ordnungsprinzipien, und die findet er in der Physik der emergenten Systeme. Sollte sich sein Denkansatz durchsetzen, dann würde wohl kein neuer grosser Beschleuniger mehr gebaut, und die Forschungsgelder gingen in eine andere Richtung. Vielleicht entstünden daraus technische Neuerungen, die dann unser Leben verändern würden. Laughlins Neuerfindung kann aber ein Ansatzpunkt für eine wissenschaftliche Revolution sein [20].

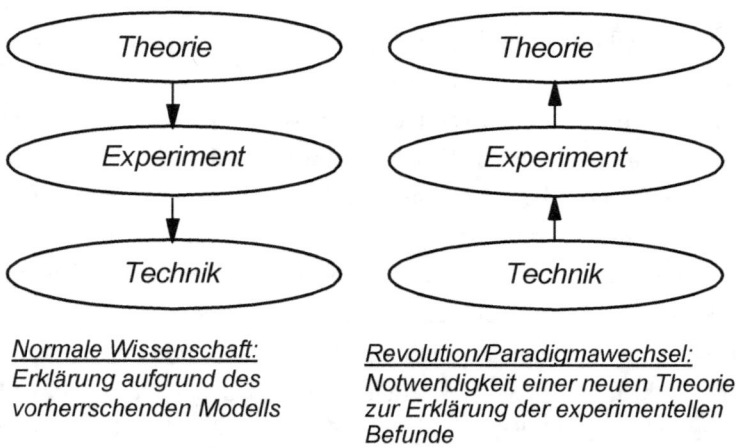

Abb. 18: Evolutionäre und revolutionäre Phasen in der Wissenschaft nach Kuhn [20].

Das Zeitalter der Emergenz

Die Auffassungen Laughlins sind am Ende seines Buches zusammengefasst: *„Die Wissenschaft ist mittlerweilen von einem Zeitalter des Reduktionismus in ein Zeitalter der Emergenz übergegangen, in der die Suche nach den letzten Ursachen der Dinge sich vom Verhalten der Teile auf das Verhalten des Kollektivs verlagert (p.303). …Der Übergang zum Zeitalter der Emergenz setzt dem Mythos von der absoluten Macht der Mathematik ein Ende."* Dann rechnet er mit der String-Theorie ab: *„Die Stringtheorie dreht sich um die Untersuchung einer imaginären Art von Materie. Abgesehen davon, dass sie den Mythos von der ultimativen Theorie stützt, hat sie jedoch keinen praktischen Nutzen. Es gibt keine experimentellen Beweise für die Existenz von Stings in der Natur, und die spezielle Mathematik der Stingtheorie ermöglicht es auch nicht, bekanntes experimentelles Verhalten leichter vorherzusagen oder zu berechnen (p.308)."*

Dann plädiert er dafür, dass wir auch in der Physik lernen, den gesunden Menschenverstand zu akzeptieren. Überall kann man Ordnungsprinzipien erkennen, sei es in der Quantenmechanik, der Chemie oder in den Gesetzten des Stoffwechsel. Damit kommen wir zurück zum Motto dieses Buches: ‚Das Suchen nach Ordnung ist der Anfang der Wissenschaft'. Hier die Schlusszeilen seines Buches: *„Wir leben nicht in der Endzeit der Entdeckungen, sondern am Ende des Reduktionismus, einer Zeit, in der die falsche Ideologie von der menschlichen Herrschaft über alle Dinge mittels mikroskopischer Ansätze durch die Ereignisse und die Vernunft hinweggefegt wird. Damit ist nicht gesagt, dass Gesetzmässigkeit im mikroskopischen Massstab falsch sei oder keinen Zweck habe, sondern nur, dass sie in einer Vielzahl von Umständen durch ihre Kinder und Kindeskinder, die höheren Ordnungsgesetze der Welt, belanglos geworden ist (p.321)."*

Neuinterpretation der Newton-Welt

In den vergangenen Abschnitten haben wir verschiedene Ansätze gesehen, wie man aus der Heisenberg-Welt zurück in die Newton-Welt kommen könnte. Da ist der Viele-Welten – Ansatz, nachdem sich immer wieder neue Welten entwickeln könnten, mit denen wir aber nicht in Verbindung treten können [22]. In der traditionellen Kopenhager - Interpretation spricht man vom Heisenbergschen Schnitt [18]. Danach soll ein Schnitt zwischen dem zu beobachtenden System und der Messapparatur gemacht werden, der in gewissen Grenzen frei wählbar ist: „Hier Heisenberg-Welt – dort Newton-Welt!" Meistens geht man davon aus, dass man für alle beteiligten Elemente und Atome – vom zu beobachtenden System und der Messapparatur – die Schrödinger-Gleichung kennen müsste, und dass es nur aus praktischen Gründen unmöglich sei, diese Gleichungen aufzustellen und eine korrekte Rechnung durchzuführen. Nur deshalb spreche man von der Dekohärenz. Laughlins Ansatz ist radikaler. In der Newton-Welt beobachten wir ausschliesslich emergente Phänomene. Diese können nicht aus den Eigenschaften der Teilchen – oder Agenten – der Heisenberg-Welt hergeleitet werden, da man sich, systemtheoretisch auf einer nächst höheren Ebene befindet.

Der Nobelpreisträger Laughlin hat eine strenge Auffassung, was zur Physik gehört und was nicht. Dabei spielen für ihn Experimente eine entscheidende Rolle. *„In der Physik unterscheiden konkrete Wahrnehmungen sich insofern von irrigen, als erstere klarer werden, wenn man die Genauigkeit des Experiments verbessert. .... Wahrheit und Messtechnik sind unauflösbar verknüpft. ... Wenn wir also von universellen Grössen[63] sprechen, so meinen wir eigentlich die Experimente, mit denen wir sie messen (p.35)."* Oder später: *„An eine allgemeine physikalische Gesetzmässigkeit glauben wir nicht deswegen, weil sie wahr sein sollte, sondern weil höchst präzise Experimente uns keine andere Wahl gelassen haben (p.55)"* Theorien sind deshalb nur dann von Nutzen, wenn sie Voraussagen machen, welche Resultate man in einem Experiment erwarten kann. So können sie verifiziert oder falsifiziert werden.

Im Folgenden sollen einige Aussagen Laughlins zu verschiedenen physikalischen Phänomenen wiedergegeben werden.

Ostwald – Boltzmann – Newton – Laughlin
Die Dampfmaschine von Watt brachte die industrielle Revolution, sie brachte aber auch eine wissenschaftliche Revolution. Das mechanistische Weltbild, das auf den Newtonschen Axiomen basierte und von Laplace verabsolutiert

---

[63] Gemeint sind die fundamentalen Konstanten wie z. B. die Lichtgeschwindigkeit

wurde, geht davon aus, dass alle zu beobachtenden Erscheinungen mit Hilfe der Bewegungsgleichungen erklärt werden können. Damit sind Vergangenheit und Zukunft rein deterministisch. Nun konnten aber Phänomene der Wärmelehre wie die spezifische Wärme oder die Zunahme der Entropie, womit eine eindeutige Zeitrichtung vorgegeben wurde, mit diesem Gedankenbild nicht in Einklang gebracht werden. Man versuchte deshalb die Thermodynamik mit den aus ihr abgeleiteten Potenzialen und Flüssen als das neue, umfassende Paradigma der Physik zu etablieren. Dies führte zur Schule der Energetiker. Für die Energetiker war die Energie und der Energietransport das entscheidende Prinzip der Physik. Energie war nach dieser Auffassung grundlegender als Substanz, Materie und Masse. Dabei sahen sie auch in der Entropie eine mengenartige Grösse, die wie die elektrische Ladung zu Entropieströmen führen kann. Dabei strömt die Entropie von Stellen höherer Temperatur zu Stellen niedriger Temperatur. Diese Theorie war erfolgreich in der Erklärung der Wärmeleitphänomene und bei chemischen Reaktionen. Sie ist auch gut anwendbar in der Technik, wenn es gilt, Wärmekraftmaschinen zu berechnen und richtig zu dimensionieren. Ihre Vertreter (z. B. Mach[64] und Ostwald) verneinten die Existenz von Atomen, was zu heftigen Streitereinen mit den Vertreter der Atomtheorie führte. Die Anhänger eines atomistischen Weltbildes sahen in der Wärme ein Resultat einer ungeordneten Molekülbewegung. Danach war die Temperatur ein Mass für die mittlere Geschwindigkeit der Moleküle und Ludwig Boltzmann interpretierte die Entropie als Wahrscheinlichkeit eines Zustandes. Dass die Entropie einem Maximalwert zustrebt, heisst dann nichts anderes als dass man nach einiger Zeit den wahrscheinlichsten Zustand des Systems antreffen wird. Abweichungen sind zwar möglich aber unwahrscheinlich. Sommerfeld berichtet von einer Tagung in Lübeck 1895 wie folgt [24]: *„Die Auseinandersetzung zwischen Boltzmann und Ostwald erinnerte sowohl vom Inhalt als auch von der Form her an den Kampf zwischen einem*

---

[64] Mach hat nebst all seiner wissenschaftlichen Verdiensten auch klargestellt, dass es in der Physik primär darum geht, einfach handhabbare Beziehungen zu finden, damit Phänomene und experimentelle Resultate erklärt werden können. Was darüber hinaus geht, ist nach Mach ‚Metaphysik'.

Stier und einem wendigen Torero. Diesmal blieb jedoch trotz aller Fechtkünste der Torero (Ostwald) auf dem Platz. Boltzmanns Argumente waren umwerfend. Wir Mathematiker standen alle auf seiten Boltzmanns."

Über ein Jahrhundert lang gab man Boltzmann recht. Und nach ihm ist auch die fundamentale Boltzmann-Konstante k benannt, die aus der Physik nicht wegzudenken ist. Seine kinetische Gastheorie geht davon aus, dass Atome – wie Billardkugeln – den Gesetzen Newtons gehorchen. Und dies ist in der Grössenordnung der Atome falsch. Dazu Laughlin: *„In dieser Grössenordnung sagen Newtons Gesetze tief greifend falsche Sachverhalte voraus. ... Damit haben Newtons legendäre Gesetze sich als emergent erwiesen. Sie sind keineswegs fundamental, sondern eine Folge des Zusammenschlusses von Quantenmaterie zu makroskopischen Flüssigkeiten und Feststoffen – eine Erscheinung kollektiver Organisation (p.58)."*

Später äussert er sich zu den Phasen der Materie, wie man sie zum Beispiel von Wasser kennt: flüssig, dampfförmig, fest. Hier zeigt sich wieder die Emergenz. *„Der bei Weitem wichtigste Effekt der Phasenorganisation besteht darin, dass sie Objekte dazu bringt, zu existieren. ... Wir sind gewohnt, uns die Herausbildung fester Substanzen als Zusammenschluss newtonscher Kugeln vorzustellen. Atome sind jedoch keine newtonschen Kugeln, sondern flüchtige, quantenmechanische Wesen, denen die wichtigste aller Eigenschaften eines Objekts fehlt – eine feststellbare Position (p.75)."*[65]

Metallische Leitfähigkeit

Die meisten von uns sind mit dem Bändermodell vertraut. Bei Metallen hat es im Leitungsband frei bewegliche Elektronen, die nicht an ein festes Atom gebunden sind. Oft spricht man dann auch vom Elektronengas. Legt man zum Beispiel an einem metallischen Draht oder einer Platte eine äussere Spannung an, so entsteht ein Stromfluss, der aber durch Gitterschwingungen und Fehlstellen behindert wird. Der Draht setzt dem Stromfluss einen Widerstand entgegen. Bringt man senkrecht zur Platte ein Magnetfeld an, dann entsteht der klassische Hall-Effekt. Die im Magnetfeld fliessenden Elektronen

---

[65] Die Astrophysiker sollten sich überlegen, was das für die Molekülwolken bedeuten könnte, wenn sie annehmen, dass daraus neue Sterne entstehen [1].

werden durch die Lorentzkraft seitlich abgelenkt, so dass sich an den Kanten der Platte eine Spannung aufbaut, die von der Stärke des Magnetfeldes abhängig ist. Dies ist das Funktionsprinzip der Hall-Sonden, mit denen man die Magnetfeldstärke sehr genau bestimmen kann. Das Verhältnis der Hall-Spannung zur Stromstärke nennt man den Hall-Widerstand.

Man hätte mit diesen physikalischen Vorstellungen glücklich weiter leben können, wenn nicht der Kitzling-Dämon ein übles Spiel getrieben hätte. Der Hall-Effekt sollte eigentlich unabhängig von der Temperatur sein. Kühlt der Dämon jedoch die metallische Platte stark ab, dann kommt bei sehr niedrigen Temperaturen die Quantenmechanik ins Spiel. Bei hinreichend tiefer Temperatur und starkem Magnetfeld nimmt jedoch der Hall-Widerstand unabhängig vom Material einen Plateau-Wert an, der ein Bruchstück des Klintzingschen Elementarwiderstands ist [Wi]. Damit ergibt sich ein Stufenverlauf, der den universell gequantelten Wertes des Hall-Widerstands entspricht. Dieser Hall-Widerstand ist eine Kombination aus den physikalischen Naturkonstanten, der Elementarladung e, der Planck-Konstanten h und der Lichtgeschwindigkeit c. Das teuflische daran ist aber dies, dass dieser Effekt verschwindet, wenn man die Leiterplatte sehr klein macht. Damit zeigt sich, dass der Quanten-Hall-Effekt ein kollektiver Effekt oder eine emergente Eigenschaft ist. *„Was wir sehen, ist eine Veränderung der Weltsicht, in deren Verlauf das Ziel, die Natur durch Zerlegung in immer kleinere Teile zu verstehen, durch das Ziel ersetzt wird, dass man versteht, wie die Natur sich selbst organisiert (p. 122).“* Laughlin hat seinen Physiknobelpreis für die Interpretation des fraktionalen Quanten-Hall-Effekts erhalten und er wird wissen, von was er spricht. Dabei entstehen neue Materiephasen. *„Der fraktionale Quanten-Hall-Effekt enthüllt, dass angeblich unteilbare Grössen – in diesem Fall die elektrische Elementarladung e – durch Selbstorganisation von Phasen zerlegt werden können (p.124)'*[66]

Hier noch einige Kommentare zur Sicht Laughlins: *„Das Problem des Supraleiters war zum Teil deswegen schwer zu lösen, weil dazu eine tief verwurzelte wissenschaftliche*

---

[66] Dabei kommt man auf Werte von e/3, wie man da von den Quarks her kennt.

Konvention – das Meer freier Elektronen – angegriffen werden musste. ... Metallisches Verhalten ist ein emergentes Ordnungsphänomen. Einen Sinn ergibt das Meer der Elektronen, weil sich die metallisch Phase gebildet hat und nicht umgekehrt. ... Tatsächlich geht der herkömmliche metallische Zustand aus dem supraleitenden Zustand hervor und nicht umgekehrt (p.134)."

<u>Von der Newton- zur Einstein-Welt</u>
In Laughlins 10. Kapitel ‚Das Gewebe der Raumzeit' startet er mit der Speziellen Relativitätstheorie, die noch zur Newton-Welt gehört. Dabei bemerkt er, dass die Relativität keine Erfindung, sondern eine Entdeckung gewesen sei. Und etwas spöttisch sagt er: *„Die volkstümliche Betrachtung der Relativität als einer Schöpfung des menschlichen Geistes ist wunderbar erhebend, aber letztlich nicht korrekt ...Ein mit einem modernen Beschleuniger ausgestatteter Experimentator würde am ersten Tag über die Auswirkungen der Relativität stolpern und die ganze Angelegenheit wahrscheinlich in einem Monat herausbekommen (p.182)."* Was Laughlin vergisst zu sagen, ist, dass dieser Beschleuniger wahrscheinlich gar nicht hätte gebaut werden können, wenn man die Spezielle Relativitätstheorie nicht gekannt hätte.

Dann macht er den Schritt von der Newton- zur Einstein-Welt und begibt sich selbst in das Gebiet der Spekulation. Gegenüber der Speziellen Relativitätstheorie ist die Allgemeine Relativitätstheorie eine Erfindung, die nicht zufällig im Labor entdeckt werden konnte. Sie ist eine Theorie der Gravitation und *„ihre bedeutsamste Voraussage behauptet, dass der Raum selbst dynamisch ist."* Mit der Speziellen Relativitätstheorie hat man die Äther-Hypothese begraben. Laughlin lässt den Äther in anderer Form wieder auferstehen. *„Eigentlich ist die Idee, der Raum könne eine Art materielle Substanz sein, sehr alt und geht auf die griechischen Stoiker zurück. ...- Untersuchungen zeigten, dass das leere Vakuum eine spektroskopische Struktur besitzt, die jener der normalen Quantenfestkörper und Quantenflüssigkeiten gleicht. ... Die moderne, jeden Tag experimentell bestätigte Vorstellung des Raumvakuums ist ein relativistischer Äther. Wir nennen ihn nur nicht so, weil das tabu ist (p.184)"* [67] Und zu Einstein meint er: *„Es würde vollkommen seinem*

---

[67] Bei H. Widmer [41] heisst dieser Äther ‚Kontinuum'

(Einsteins) Naturell entsprechen, sich die Fakten erneut vorzunehmen, sie im Geiste umzuwerfen und zu dem Schluss zu kommen, dass sein geliebtes Relativitätsprinzip keineswegs fundamental, sondern emergent ist – eine kollektive Eigenschaft der die Raumzeit konstituierenden Materie, die bei grossen Längenskalen zunehmend exakt wird, bei kurzen hingegen versagt (p. 190)." Auch diese Aussage bleibt solange umstritten, wie sie durch irdische Experimente weder verifiziert noch falsifiziert werden können.

Der Hochmut der Physiker

Die meisten Physiker haben die Tendenz, sich und ihre Wissenschaft als hoch, andere Wissenschaften als minderwertig einzuschätzen. Auch Laughlin macht da keine Ausnahme. Dabei stellt er hohe Anforderungen an eine korrekte Physik. Eine korrekte Theorie muss in der Lage sein, bestimmte Experimente verlässlich vorherzusagen. Nur dann kann auch durch das Experiment bewiesen werden, dass die Theorie korrekt ist. Bei dieser strengen Auffassung gehört Vieles, was heute als Physik durch die Literatur geistert, wie zum Beispiel die Stringtheorie ins Gebiet der Spekulation[68].

Laughlins Kritik an den Wissenschaften, die nicht den obigen Kriterien entsprechen ist vernichtend. Dazu einige Beispiele: „*Die Strategie der Komplexitätstheorie lautet, die Bewegungsgleichungen so zu vereinfachen, dass sie vom Computer zuverlässig gelöst werden können. Diese Abstraktion ist jedoch ein Pakt mit dem Teufel, weil die dabei herauskommenden Gleichungen die Dinge so grotesk verzerren, dass man keine verlässliche Darstellung der Natur mehr erhält. Der Wert der Komplexitätstheorie beschränkt sich somit darauf zu zeigen, dass eine Emergenz komplexer Muster vernünftig nachvollziehbar ist (p.198).*" Bei seinem Kommentar zum ‚Spiel des Lebens' meint er: „*Sowohl die physikalische Selbstorganisation als auch die Automaten, die sie nachbilden, sind interessant. …… Ein (Grund) lautet, wir seien daran interessiert, wie Leben aus kleinsten atomaren Anfangsbedingungen hervorgehen konnte – man mischt ein paar chemische Verbindungen, und subito kommt eine Puppe heraus, die einen lieb hat (p.200).*"

---

[68] Die Reduktionisten und die Spring-Theoretiker meinen, sie können alles auf der Welt mit ihren Theorien erklären und alle anderen Wissenschaften seien zweitrangig und könnten aus ihren Ansätzen erklärt werden.

Und zur Nanotechnik: *Die von meiner Kollegin vom Elektronenmikroskop vorgeführten Strukturen sind charakteristisch für den von mir so genannten ‚Nanoflitterkram', faszinierende und schön anzusehende Strukturen, die in kleinem Massstab spontan entstehen, aber abgesehen vom Unterhaltungswert keinen bekannten Nutzen haben. ... Obwohl unser Wissen über den Nanobereich derzeit in fast unglaublicher Weise explodiert, ist es grösstenteils zutiefst unbedeutend (p.202)."* Hier zeigt sich der Hochmut der Physiker. Laughlin sind zwei Argumente entgegen zu halten: 1) Schon oft hat man Gesetzmässigkeiten und Ordnungsprinzipien entdeckt, indem man die Vorgänge in der Natur geduldig beobachtet hat. 2) Die Computermodelle, wie sie in der Komplexitätstheorie gebraucht werden, sind zwar nur Modelle. Aber anhand von Modellen kann man viele Mechanismen studieren und Analogieschlüsse ziehen. Auch die ganze theoretische Physik besteht aus in mathematischer Sprache formulierten Modellvorstellungen und gerade da ist die Gefahr besonders gross, dass man das Modell mit der Wirklichkeit verwechselt. In den nachfolgenden Kapiteln werden wir uns trotz Laughlins Spott mit diesen Modellen auseinandersetzen.

Zum Schluss noch einige amüsante Bemerkungen zu den Wissenschaftlern, die im Bereich der ‚Vermutung' arbeiten: *„Der Streit zwischen Physikern und Chemikern, wer emergente Selbstorganisation besser versteht, wurzelt in einem wichtigen und entschieden unwissenschaftlichen Aspekt der menschlichen Psyche .... Etwas zu verstehen bedeutet aus der Sicht eines Chemikers gewöhnlich, es zu machen und zu beobachten, am besten, bevor es ein anderer tut. Aus Sicht des Physikers heisst verstehen, dass er etwas einordnet, absolut sicherstellt, dass diese Kategorisierung korrekt ist, und es dann mit anderen, ähnlichen Dingen in Beziehung setzt. Wolfgang Paulis Idee, etwas sei ‚noch nicht mal falsch', ist ein zentraler Aspekt der Physik, in der Chemie jedoch ein völliger Fehlschluss (p. 207)."* Und zu den Ingenieuren und Techniker: *„In der Wissenschaft gewinnt man an Stärke, wenn man anderen mitteilt, was man weiss, in der Technik gewinnt man an Stärke, wenn man anderen vorenthält, was man weiss. In der Technik sind chronische Konfusion und Unwissenheit einfach deswegen die Regel, weil aus Gründen geistigen Eigentums jeder jedem Informationen vorenthält (p.241)."* Dazu ist anzumerken, dass die Physiker nicht immer bessere Experimente durchführen könnten, wenn die Physik-Ingenieure nicht immer bessere Apparaturen bauen würden [31].

Und zu der Biologie: „ *Ein grosser Teil des biologischen Wissens ist ideologischer Natur ... Manchmal hört man das Argument, die Frage* (nach der richtigen Theorie) *erübrige sich, weil Biochemie eine auf Fakten beruhende Disziplin sei, für die Theorien weder hilfreich noch wünschenswert seien. Das Argument ist falsch, weil man Theorien benötigt, um Experimente formulieren zu können (p.249).*" Dies die Sicht und der Kommentar des Physikers.

Nach alldem Gesagten ist Laughlins Ansatz – wie eingangs bemerkt – keine Neuerfindung der Physik sondern eine Neuorientierung, über die ich froh bin und die ich gerne akzeptiere. Ob es aber dadurch zu einem Paradigmawechsel kommt oder ob über noch lange Jahre der reduktionistische Ansatz vorherrschend sein wird, muss die Zukunft zeigen. Wenn man vom Zeitalter der Emergenz spricht, dann mag das höchstens für die kleine Gemeinschaft der Physiker gelten. Für alle übrigen, insbesondere die Leute in der Alltagswelt, ist es völlig ‚Wurst' ob Emergenz oder Reduktion auf ein allgemeines Prinzip der richtige Weg der Physik ist. Ich nehme auch nicht an, dass Laughlin mit seinen Ideen den gleichen Kultstatus erreichen wird, wir Albert Einstein, der noch heute als das Urbild des Physikers gilt. Zum Schluss soll man sich an den schönen Ausspruch von Thomas A. Edison erinnern:

Genialität besteht zu einem Prozent aus Inspiration und zu 99 Prozent aus Transpiration.

11

Physik der Nichtgleichgewichte

Es gibt mehr Dinge zwischen Himmel und Erde
(W. Shakespeare: Hamlet)

Abgeschlossene und offene Systeme
Die tiefste Ebene, auf der wir Kenntnisse über die Natur errungen haben, ist die Quantenphysik und mit ihr die Physik der Elementarteilchen. Diese Erkenntnisse konnten nur dadurch gewonnen werden, indem bei den durchgeführten Experimenten alle Umwelteinflüsse so weit wie möglich unterdrückt wurden. Beim Übergang von der Heisenberg-Welt zur Newton-Welt werden aber Umwelteinflüsse dominant; sie sind für die Dekohärenz und die Emergenz verantwortlich. Umwelt bedeutet, dass die zu untersuchenden Systeme eine bestimmte Temperatur aufweisen, wobei man ein thermodynamisches Gleichgewicht anstrebt, damit man vernünftige Messungen durchführen und dazu gehörige Theorien entwickeln kann. Die Physik der Gleichgewichte basiert auf dem Extremalprinzip: „*Es besagt, dass in einem abgeschlossenen System, welches nicht mehr Energie mit der Umgebung austauscht, ein Zustand minimaler Energie realisiert ist. Kleine Abweichungen von diesem im Allgemeinen stabilen Zustand bewirken dementsprechend kleine Änderungen. Dies ist der Gültigkeitsbereich der linearen Physik [29]*". Die Physik der Gleichgewichte ist stabil, robust und zuverlässig. Darauf baut die Technik-Welt auf. Häuser, Brücken, Maschinen und elektrische Apparate sollen robust sein und zuverlässig funktionieren. Auch chemische Reaktionen, ob sie nun Energie brauchen oder freisetzen, führen von einem Gleichgewichtszustand zum anderen.

Bei der Physik der Nichtgleichgewichte können selbst kleine Abweichungen in den Anfangsbedingungen grosse Veränderungen bewirken. Diese Nichtlinearität bewirkt, dass man bei Experimenten keine Reproduzierbarkeit erwarten kann. Damit verlässt man den sicheren Grund der klassischen Physik. Gerne wird der Schmetterlingseffekt zitiert, wonach der Flügelschlag eines Schmetterlings einen Tornado auslösen kann. Die Physik der Nichtgleichgewichte behandelt offene Systeme. Sie stehen in Kontakt mit der Umgebung und befinden sich nicht im thermodynamischen Gleichgewicht. Sie können diesen Zustand nur aufrecht erhalten, wenn sie permanent einem Durchfluss von Energie oder Materie ausgesetzt sind. Solche Systeme haben emergente Eigenschaften. Sie sind zwar nicht unabhängig von den darunter liegenden Ebenen (Elementarteilchen, Atome und Moleküle), lassen sich aber auch nicht aus der isolierten Analyse der Systemkomponenten erklären. Hier sind wir am Übergang von der Newton-Welt in die Erfahrungs- oder Alltagswelt, wobei auch da eine Dekohärenz auf der nächst höheren Ebene stattfindet. Ist unsere Alltagswelt analog oder digital? – Die im Hirn verarbeiteten Sinneseindrücke von Bild und Ton ergeben einen ganzheitlichen Ablauf; wir empfinden analog und können uns so in unserer Umwelt orientieren. Vielleicht ist es aber wie im Film. Wenn in kurzer Zeit genügend Bilder erscheinen, haben wir den Eindruck von analog ablaufenden Bewegungen. – Wenn es die Aufgabe der Physik ist, die grundlegenden Phänomene der Natur zu untersuchen, dann hat sie in der Physik der Nichtgleichgewichte noch ein grosses Forschungsfeld vor sich. Hier befindet man sich erst in der nullten Näherung.

Deterministisches Chaos
Deterministisches Chaos meint nicht den Zustand, den wir als Tohuwabou bezeichnet haben. Trotzdem besteht ein fundamentaler Unterschied zur geordneten Welt, die deterministisch und vorhersagbar ist. Deterministisches Chaos scheint ein Widerspruch in sich zu sein. Wie kann ein System gleichzeitig deterministisch und chaotisch sein? [5] In der Chaostheorie werden dynamische Systeme mit mathematischen Methoden untersucht, wobei meist nur numerische Lösungen für die zugrunde liegenden nichtlinearen Gleichungen möglich sind.

Ein interessantes Beispiel stellt das Pendel dar. Das physikalische Pendel verhält sich gemäss der klassischen Physik. Wird es angestossen, pendelt es um den tiefsten Punkt und kommt aufgrund der Reibungskräfte dort zur Ruhe. Beim mathematischen Pendel geht man von einer Punktmasse aus, welche an einem masselosen starren Stab aufgehängt ist, wobei keine Reibungskräfte vorhanden sind. Beim mathematischen Pendel werden Überschläge zugelassen und es gibt einen stabilen Gleichgewichtszustand unten und einen labilen oben. Kleine Auslenkungen genügen, damit das Pendel den labilen Gleichgewichtszustand verlässt und nach unten fällt. Ist der Aufhängepunkt nicht fix sondern macht zum Beispiel eine periodische Bewegung, dann wird dem Pendel Energie zugeführt. Durch diesen Antrieb kann sich das Pendel überschlagen. Man beobachtet dann eine Bewegung, die nicht mehr einfach periodisch ist. Es entsteht eine unregelmässige Abfolge von erfolgreichen und gescheiterten Anläufen auf einen Überschlag[69]. Interessiert man sich nur darum, ob ein Überschlag stattgefunden hat oder nicht, dann hat man eine ähnliche Situation wie beim mehrmaligen Wurf einer Münze, wobei sich eine zufällige Abfolge von ‚Kopf' und ‚Zahl' ergibt. Das Pendel verhält sich genauso unvorhersehbar wie die Münze. Beim Münzwurf geht man aber von einem reinen Zufall ab. Anders ist dies beim Pendel: Das Pendel gehorcht genau bekannten deterministischen Bewegungsgleichungen, obwohl es das gleiche Verhalten wie ein zufälliger Münzwurf zeigt [5].

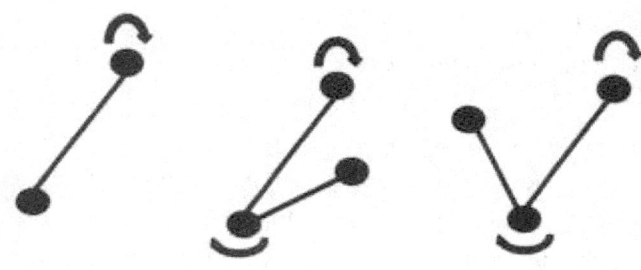

Abb. 19: Pendel und Doppelpendel

---

[69] Bei einer solchen Anordnung können beim physikalischen Pendel Resonanzerscheinungen auftreten, wenn die Frequenz der ungestörten Pendelbewegung und die Frequenz des Antriebs gleich sind.

Ein beliebtes Modell zur Demonstration des chaotischen Verhaltens ist das Doppelpendel. Dabei wird an das Ende des einen Pendel ein zweites angehängt. Die Bewegungsgleichungen für dieses nichtlineare System sind zwei Differenzialgleichungen, welche analytisch nicht lösbar sind. Auch da muss der Computer zur Lösung herangezogen werden[70].

Es zeigt sich, dass mit mathematischen Modellen Vieles simuliert werden kann, womit dann Analogieschlüsse auf das reale physikalische Verhalten gezogen werden können. Das bekannteste Beispiel sind die Modelle zur Wetterprognose, wobei die Meteorologen meist verschiedene Modelle aufstellen und miteinander vergleichen, um so eine grössere Vorhersagekraft zu gewinnen.

Historisch von Interesse sind die Überlegungen von Henri Poincaré zum Dreikörperproblem. Dabei ging es um die Frage, ob das Sonnensystem stabil ist oder ob kleine Störungen zur Folge haben könnte, dass zum Beispiel ein Planet das Sonnensystem verlässt. Auch wenn unser Sonnensystem wahrscheinlich über sehr lange Zeit stabil ist, so können an anderen Orten des Universums chaotische Zustände herrschen. Weitere Systeme, in denen Chaos auftreten kann, sind Teilchenbeschleuniger und Plasmafallen für die Fusionsreaktoren [4]. Auch Turbulenzen in Strömungen von Gasen und Flüssigkeiten gehören ins Gebiet des deterministischen Chaos. Es lässt sich auch vermuten, dass die Neutrinooszillationen chaotischen Charakter besitzen.

<u>Komplexe Systeme</u>
Bisher sind wir den linearen Systemen der klassischen Physik und dem deterministischen Chaos begegnet. Dabei steht ‚linear' für Ordnung, ‚Chaos' für

---

[70] Jedes Kind weiss, wie man auf einer Schaukel (einem Doppelpendel) an Höhe gewinnt. Die Physiker stehen am Berg und müssen mit dem Computer eine nullte Näherung zur Erklärung herbeiziehen.

Unordnung. Besser wäre jedoch die Unterscheidung zwischen ‚prognostizierbar' und ‚nicht prognostizierbar'. Zwischen diesem dualen Gegensatzpaar liegt das Gebiet der komplexen Systeme. Komplex und kompliziert ist nicht dasselbe. Kompliziert ist ein System, das schwierig zu überblicken ist, das aber durch Zerlegung und Analyse der Elemente erklärt werden kann. Bei komplexen Systemen ist diese Unterteilung nicht möglich. Ein wesentliches Charakteristikum ist die Emergenz. Es gibt Eigenschaften, die nicht aus den Eigenschaften der Elemente erklärt werden können: Das Ganze ist mehr als die Summe seiner Teile. *„Ein komplexes System trägt auch chaotische Züge. Der Umkehrschluss gilt allerdings nicht, chaotisch impliziert nicht notwendigerweise komplex. Rein chaotisches Verhalten ist nicht komplex, auch wenn eine kleine Änderung der Anfangsbedingung grosse Folgen haben kann [29]".* Das oben beschriebene Doppelpendel zeigt chaotische Eigenschaften, ist aber nicht komplex. Seine Einzelteile können analysiert und durch die dazugehörigen Differenzialgleichungen exakt beschrieben werden. Auch die emergenten Phänomene von Atomen und Molekülen, die in den vorherigen Abschnitten diskutiert wurden, sind nicht komplex. Demgegenüber zeigen lebende Systeme komplexes Verhalten.

Chaotischen und komplexen Systemen sind offene Systeme. Ihnen gemeinsam ist die Nichtlinearität (kleine Störungen führen zu unterschiedlichen Ergebnissen) und viele besitzen Attraktoren. Dies bedeutet, dass die Systeme unabhängig von den Anfangsbedingungen bestimmte Zustände oder Zustandsabfolgen anstreben. Weitere typische Eigenschaften von komplexen Systemen sind neben der Emergenz agentenbasierte Wechselwirkungen. Die Wechselwirkungen zwischen den Teilen des Systems sind zwar lokal, ihre Auswirkungen aber in der Regel global. Typisch ist auch die Selbstorganisation. Dadurch entstehen im thermodynamischen Ungleichgewicht stabile Strukturen. Komplexe Systeme zeigen Pfadabhängigkeit. Ihr zeitliches Verhalten ist nicht nur vom aktuellen Zustand, sondern auch von der Vorgeschichte des Systems abhängig. In einigen Fällen kann man auch Lerneffekte feststellen.

Komplexe Systeme gibt es nicht nur auf der Stufe der unbelebten Natur. Auch das soziale Verhalten von Lebewesen ist komplex. Beispiele von Wissenschaftsdisziplinen, die sich mit komplexen Systemen befassen, zeigt Abbildung 20 [29].

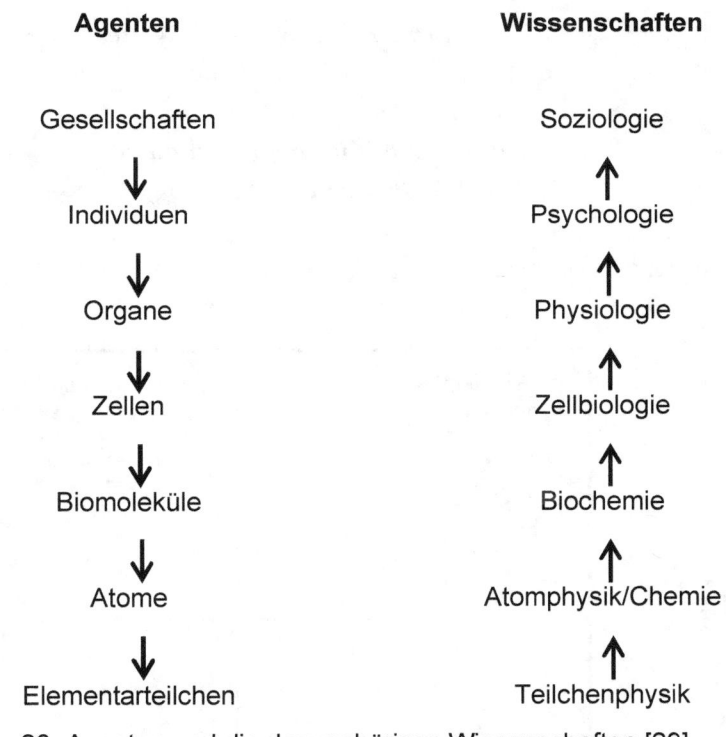

Abb. 20: Agenten und die dazugehörigen Wissenschaften [29]

Viele Menschen haben in der Schule Physik lernen müssen; viele haben das Fach gehasst, einige haben es geliebt und wenige sind als Physikerinnen oder Physiker erfolgreich geworden. Für sie alle seien Shakespeares Worte in Erinnerung gerufen:

> *Es gibt mehr Dinge zwischen Himmel und Erde*
> *Als eure Schulweisheit sich träumen lässt!*

12

Komplexe Phänomene

Und Stürme brausen um die Wette,
Vom Meer aufs Land, vom Land aufs Meer,
Und bilden wütend eine Kette
Der tiefsten Wirkung ringsumher.
(J.W. Goethe: Faust, Prolog)

<u>Was heisst hier komplex?</u>

	wenige	viele
hoch	Komplizierte Systeme *dynamisch, labil,* *analysierbar* — Deterministisches Chaos Iterative Systeme Doppelpendel Kybernetik Technischer Regelkreis	Komplexe Systeme *nicht prognostizierbar* Offene Systeme im Nichtgleichgewicht Synergetik Lebende Systeme
niedrig	Einfache Systeme *funktionale Abhängigkeit* Experimente in der klassischen Physik	Komplizierte Systeme *statisch, analysierbar* Organische Chemie DNA

Dynamik (vertikal) / Anzahl Elemente (horizontal)

Abb. 20: 2x2-Matrix zur Komplexität

Das Wort ‚komplex' ist mehrdeutig. In der Umgangssprache bezeichnen wir etwas als komplex, wenn wir es nicht verstehen oder erklären können. Wir machen meist keinen Unterschied zwischen komplex und kompliziert. In der

Systemtheorie wird zwischen Komplexität und Kompliziertheit unterschieden. Im Folgenden werden wir uns auf Komplexität und ihre Bedeutung in Naturwissenschaft und Technik beschränken.

Komplizierte statische Systeme bestehen aus vielen Elementen und Beziehungen. Die Analyse solcher Systeme ist schwierig und aufwendig. Das war so, als man die DNA entschlüsselte. Heute nicht mehr so schwierig ist die DNA-Analyse, die dank der technischen Hilfsmittel routinemässig durchgeführt wird. Nebst der Analyse ist auch die Synthese kompliziert und braucht viel Wissen und Erfahrung, wie man das aus der organischen Chemie und der pharmazeutischen Forschung weiss.

Es mag erstaunen, dass im obigen Bild die Experimente in der Physik als ‚einfach' bezeichnet werden. Es ist zwar schwierig, ein Experiment sauber zu planen und durchzuführen und noch schwieriger, die zum Experiment gehörende Theorie zu verstehen. Aber am Schluss sucht man stets die Abhängigkeit einer Grösse y von einer anderen Grösse x. Die experimentell gefundene Abhängigkeit lässt sich grafisch darstellen, und in vielen Fällen kann man sie in mathematischer Form ausdrücken [y = f(x)]. Einfache Beispiele sind das Ohmsche Gesetz: U = I $*$ R oder der Druck eines Gases, welcher in einem geschlossenen Gefäss proportional zur Temperatur ist. Der berühmte Experimentalphysiker Paul Scherrer pflegte in seiner Vorlesung zu sagen: „Das ist ja ganz einfach!", nachdem er ein Experiment vorgeführt hatte [6].

Komplizierte dynamische Systeme sind Systeme mit wenigen Elementen, wobei aber zwischen ihnen Rückkopplungen oder iterative Abhängigkeiten bestehen. Hier kennt man die zu Grunde liegenden physikalischen Gesetze und man kann zum Beispiel einen technischen Regelkreis richtig dimensionieren. Wir alle vertrauen uns gerne solchen Regelkreisen an, wenn wir in ein Flugzeug steigen. Aber oft braucht es nicht viel und der Regler kommt ausser Takt oder führt Schwingungen aus. Komplizierte dynamische Systeme haben zudem die Tendenz, ins determinierte Chaos zu führen, wenn sich bestimmte

Parameter verändern. Später soll die am Beispiel der Kanincheninsel erläutert werden.

Nun weiss man also, was nicht komplex ist, aber wie soll man Komplexität definieren? – Komplexe Systeme sind offene Systeme, die im Nichtgleichgewicht sind. Sie brauchen Energiezufuhr, damit sie existieren können. Und die wichtigste Eigenschaft ist die, dass sie nicht prognostizierbar sind. Mir persönlich ist der Begriff ‚komplex' nicht sehr sympathisch. Ich würde lieber zwischen deterministischen und nicht prognostizierbaren Systemen unterscheiden, wobei auch das deterministische Chaos dazu gehören könnte.

Da ich nur Physik in nullter Näherung betreibe, sage ich gerne unter Freunden, dass die Schöpfungsgeschichte nicht in sechs Tagen, sondern in vier Tagen stattgefunden habe. Am ersten Tag kam der Urknall. Am zweiten Tag entstand die erste Dekohärenz, und es gab die Kausalität. Am dritten Tag fand die zweite Dekohärenz statt, und es gab die Lokalität. Am vierten Tag fand die dritte Dekohärenz statt und seither ist die Welt nicht mehr prognostizierbar[71]. Nun sollen aber einige Beispiele zur Komplexität vorgestellt werden.

<u>Zurück zum Sandhaufen</u>
Dem Sandhaufen-Paradox von Zenon von Elea sind wir schon begegnet. Man kann aber auch beobachten, was bei einem Sandhaufen passiert, wenn man Sand stetig an einer Stelle auf die Erde rieseln lässt[72]. Der so erzeugte Sandhügel wächst und seine Hänge werden steiler. Mit der Zeit gehen kleinere, dann eventuell später auch grössere Lawinen ab. Der Sandhügel ist ein offenes System im Nichtgleichgewicht. Der rieselnde Sand führt dem Haufen ständig Energie und Materie zu. Wann und auf welcher Länge der Hang abrutscht, ist

---

[71] Ein Freund von mir sagte, die dritte Dekohärenz habe nach dem Sündenfall im Paradies stattgefunden. Erst als Adam und Eva vom Baum der Erkenntnis gegessen hätten, habe Gott sie dadurch aus dem Paradies vertrieben, dass er sie in eine Umwelt verbannt habe, die nicht prognostizierbar war.
[72] Dieses und die folgenden Beispiele sind im Buch von Richter und Rost [29] genauer beschrieben und erklärt. Hier soll nur das Verständnis für komplexe Systeme geweckt werden.

unmöglich vorauszusagen. Das Losbrechen der Lawinen erfolgt aufgrund einer Kettenreaktion zwischen den Sandkörnern. Trotzdem können gewisse Gesetzmässigkeiten erkannt werden. So nimmt die Zahl der Lawinen mit ihrer Grösse ab. Oft misst man die Stärke der Lawinen auf einer Skala (Stärke 1, Stärke 2 usw.). Dabei gibt es etwa zehnmal mehr Lawinen der Stärke 1 als Lawinen der Stärke zwei. Hier zeigt sich ein Potenzgesetz, welches auf allen Grössenskalen gilt. Man spricht dann von Skaleninvarianz. Ähnliches gilt auch für Schneelawinen und Erdbeben.

Phasenübergänge
Bekannte Beispiele sind die Phasenübergänge von flüssig zu gasförmig oder von magnetisch zu unmagnetisch. Dabei überschreitet ein wichtiger Parameter des Systems einen kritischen Wert. So verschwindet oberhalb der Curie-Temperatur der ferromagnetische Zustand. Das Verhalten an diesem Punkt kann nicht aus den mikroskopischen Eigenschaften der Atome oder Moleküle erklärt werden. Auch hier ist es wichtig, dass viele Teile miteinander in Wechselwirkung stehen. Interessanterweise kann man diese Übergänge im Labor durch Veränderung der Temperatur erzwingen.

Tierpopulationen
Was passiert auf der Kanincheninsel? – Auf der Kanincheninsel gibt es nur Kaninchen, die sich mit einer bestimmten Rate vermehren. Diese Rate wird aber durch das zur Verfügung stehende Nahrungsangebot beeinflusst. Wenn nur wenige Kaninchen vorhanden sind, dann finden sie reichlich Nahrung und vermehren sich schnell. Sind aber viele Kaninchen vorhanden, so wird die Nahrung knapp und die Reproduktionsrate sinkt. Dieses Verhalten kann mit der logistischen Gleichung gut beschrieben werden, so dass man ein Modell für die Kanincheninsel aufstellen kann. Dabei gibt es verschiedene Szenarien, wie die folgende Abbildung zeigt.

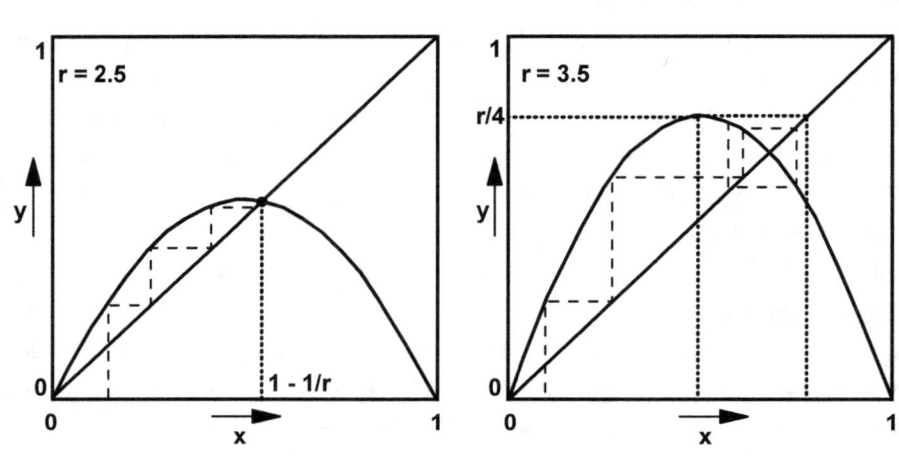

Die Lösung der logistischen Gleichung:
$$x_{n+1} = r \cdot (1 - x_n) \cdot x_n$$
$$y = r \cdot x - r \cdot x^2$$
zur Berechnung der Anzahl Kaninchen bei beschränkt nachwachsender Nahrungsressource hängt von der Reproduktionsrate ab. Man kann drei Szenarien unterscheiden:

Szenario I: Man kann eine bestimmte Menge Kaninchen aussetzen. Nach einigen Generationen pendelt ich die Population auf einen bestimmten Wert ein (Grafik links). Der stabile Endwert ergibt sich aus dem Schnittpunkt der Parabel mit der Linie $y = x$. Dies ist der oben beschriebene Fall.

Szenario II: Bei höherer Reproduktionsrate entsteht ein zyklisches Verhalten, wobei die Population zwischen einem Maximalwert und einem Minimalwert oszilliert. Dies geschieht auf der rechten Seite der obigen Parabel, falls $r > 3$ (vgl. Grafik rechts).

Szenario III: Die Population schwankt von Generation zu Generation sehr stark und zeigt chaotisches, nicht prognostizierbares Verhalten. Dies ist der Fall bei noch grösseren Reproduktionsraten, wobei anstelle von nur zwei Zuständen sehr viele Zustände möglich sind $(r > 4)$.

Abb. 21: Die Logistische Gleichung [29]

Das im nachfolgenden Szenario II beschriebene Verhalten entsteht durch eine sogenannte Bifurkation. Damit ist die Periodenverdoppelung gemeint. Würde man nur jedes zweite Jahr die Zahl der Kaninchen beobachten, so hätte man den Eindruck einer stabilen Population. In Szenario III sind nun mehrere solcher Bifurkationen erfolgt, so dass man in chaotisches Verhalten übergeht.[73]

Reaktions-Diffusions-Systeme
Bei solchen Systemen laufen zwei simultane Prozesse gleichzeitig ab. Die chemische Reaktion und die räumliche Diffusion verändern die Konzentration der beteiligten Substanzen. Dies kann dazu führen, dass sich ein chemischer Oszillator bildet, der periodisch schwankt. Als bekanntestes Beispiel gilt die Belousov-Zhabotinsky- Reaktion. Beloussov entdeckte diese Reaktion bei der Oxidation von Zitronensäure mit schwefelsaurer Bromatlösung und Cer-Ionen als Katalysator. Dabei wechselte die Farbe der Lösung periodisch zwischen gelb und farblos. Dies scheint dem zweiten Hauptsatz der Thermodynamik zu widersprechen, nachdem die Entropie zunehmen und sich ein ungeordneter Zustand einstellen sollte. Der Entropiesatz gilt aber nur für geschlossene Systeme nahe beim Gleichgewicht. Hier hat man aber ein offenes System und ist weit vom Gleichgewichtszustand entfernt. Der chemische Oszillator ist ein chaotisches System, wobei man die Effekte gut im Labor vorführen kann. Je nach den beteiligten chemischen Substanzen können sich auch periodisch schwankende Spiralwellen ausbilden.

Komplexe Quantensysteme
Trotz der Schrödinger-Gleichung, welche linear ist und damit nicht zu komplexen oder chaotischen Zuständen führt, konnte man bei Quantensystemen komplexes Verhalten beobachten. Dies ist dann möglich, wenn bei diesem Quantensystem eine grosse Anzahl von Zuständen relevant ist. So

---

[73] Dieses Verhalten sieht man auch bei der Niedervoltbogenentladung, welche durch ein Magnetfeld auf einen engen Strahl konzentriert wird. In meiner Zeit in Balzers als Ingenieur-Physiker habe ich dies oft beobachtet. Der Ionisierungsgrad entspricht dabei der Population im oben beschriebenen Szenario.

können stehende Elektronenwellen erzeugt werden, die eine räumliche Struktur bilden. Hier existiert noch ein weites Feld für die Forschung.

Heute, am 10. November 2013, wird in der Zeitung von einem der mächtigsten Taifune aller Zeiten berichtet, der auf den Philippinen wütete. Der Wirbelsturm ‚Haiyan' knickte meterhohe Bäume und forderte viele Todesopfer. Die Natur ist voll von solchen komplexen und chaotischen Zuständen, wie dies schon der Erzengel Michael im Prolog zu Goethes Faust festgestellt hat. Damit soll dieser Abschnitt abgeschlossen werden.

Und Stürme brausen um die Wette,
Vom Meer aufs Land, vom Land aufs Meer,
Und bilden wütend eine Kette
Der tiefsten Wirkung ringsumher.
Da flammt ein blitzendes Verheeren
Dem Pfade vor des Donnerschlags;
Doch Deine Boten, Herr, verehren
Das sanfte Wandeln Deines Tags.

13

Wie entsteht Komplexität?

Und jedem Anfang wohnt ein Zauber inne,
Der uns beschützt und der uns hilft, zu leben.
(H. Hesse)

Mathematische Modelle
Wie in diesem Buch an mehreren Stellen bemerkt wurde, wird die Physik in mathematischer Sprache formuliert. Mathematik vereinigt Aussage und Logik. Mit dieser Sprache der Physik kann man die in der Natur vorkommenden Ereignisse beschreiben. In der klassischen Physik können gar künftige Ereignisse oder Zustände aufgrund der mathematischen Gesetze im Rahmen der best möglichen Messungen exakt voraus gesagt werden. Damit liegt die Versuchung nahe, dass man zwischen Sprache und Natur nicht mehr unterscheidet. Oder anders ausgesagt, dass man das mathematische Modell als die Wirklichkeit ansieht, obwohl ein Modell immer nur eine Annäherung an die Wirklichkeit ist. Selbst in der technischen Mechanik ist die Annahme des Schwerpunktes eines Gegenstands zwar für mathematische Berechnungen sehr nützlich; niemand kann jedoch diesen Schwerpunkt beobachten.

Eine erste Relativierung hat die mathematische Physik in der Quantenphysik erfahren, wobei Wahrscheinlichkeitsamplituden berechnet werden können. Dabei erfolgt keine Aussage über den Weg des einzelnen Teilchens. Man kann nur voraussagen, wo man viele und wo wenige Teilchen finden wird. Bei den emergenten Systemen muss man dann mit Computermodellen Situationen simulieren und daraus entsprechende Schlüsse ziehen. In vielen Fällen darf man aufgrund von Ähnlichkeiten vermuten, wie sich die Natur verhalten könnte. Dazu nun einige Beispiele:

Potenzgesetze und Fraktale

Ein Potenzgesetz wird mathematisch in der Form $f(x) = a \cdot x^\lambda$. Verändert man x durch Multiplikation mit einem Faktor c, so bleibt die Form des Potenzgesetzes erhalten. Nur die Konstante a verändert sich dabei.[74] Dabei basiert die Skaleninvarianz wie sie beispielsweise beim Sandhaufen und den Erdbeben beobachtet wird. Trägt man die Beobachtungen in logarithmischer Skala auf, dann kann λ aus der Steigung der gefundenen Geraden bestimmt werden und man hat eine brauchbare mathematische Annäherung für das Geschehen [29].

Eine weitere interessante Eigenschaft von vielen Objekten in der Natur ist die Selbstähnlichkeit. Damit meint man, dass auf verschiedenen Zeitskalen ähnliche Muster entstehen, die somit auch skaleninvariant sind. Die mathematische Abbildung solcher Objekte führt zu fraktalen Strukturen. Neben den klassischen Dimensionen D=1 für eine Linie, D=2 für eine Fläche und D=3 für ein Volumen lässt man dabei auch gebrochenen Dimensionen zu. Mit dem Computer kann man leicht fraktale Gebilde erzeugen, indem man durch Iteration einer einfachen Vorschrift immer komplexere Gebilde entstehen lässt. Ein bekanntes Beispiel, welches zu gebrochenen Dimensionen führt, ist die Messung der Küstenlinie von England. In nullter Näherung kann man in der Landkarte eine grobe Linie um die britischen Inseln ziehen. Will man aber die wahre Länge bestimmen, dann müsste man alle Zerklüftungen mitberücksichtigen. Dies ergibt dann eine fraktale Linie, an die man sich nur durch Annäherung herantasten kann. Man kann zum Beispiel die Kurve durch Kästchen überdecken und dann die Länge in den Kästchen messen. Dabei wird man zu einer genaueren Lösung kommen, wenn man die Zahl der Kästchen erhöht. Man darf die gebrochenen Dimension zwar als mathematisches Konstrukt halten und die Welt weiterhin dreidimensional verstehen[75], sie ist aber ein wichtiges Hilfsmittel um sich den Erscheinungsformen der Natur anzunähern.

---

[74] Die neue Kontante ist dann $a \cdot c^\lambda$
[75] Dies kann auch zu den vier Dimensionen in der Einsteinschen Relativitätstheorie gesagt werden.

Logistische Gleichung und Apfelmänchen

Der logistischen Gleichung sind wir bei der Kanincheninsel begegnet. Dabei ergeben sich je nach Grösse der Reproduktionsrate r unterschiedliche Szenarien. Bei der Lösung der logistischen Gleichung geht man nicht wie in der klassischen Physik von einer gleichmässig ablaufenden Zeit aus. Hier schreitet man in diskreten Schritten von einer Generation x_n zur nachfolgenden Generation x_{n+1}:

$$x_{n+1} = r\, x_n - r\, x_n^2$$

Damit hat man eine einfache Iterationsvorschrift. Erst durch das wiederholte Anwenden dieser Regeln ergibt sich Komplexität und chaotisches Verhalten. Es scheint, dass viele Vorgänge in der Natur auf einfachen Regeln beruhen. Erst die Vielzahl der Wiederholungen macht die Sache schwierig. Schon Feynman bemerkt in seiner Quantenelektrodynamik [9]: *„Es mag unglaublich klingen, dass die gewaltige Vielfalt der Natur aus der monotonen Wiederholung der Kombination von nur drei Grundvorgängen ableitbar sein soll. Und doch ist es so.*[76]*"*

Es war nun mathematisch naheliegend, dass man in der logistischen Gleichung nicht nur reelle Zahlen für die Reproduktionsrate zulässt. Wird r eine komplexe Zahl, so ergeben sich in der komplexen Ebene schöne Figuren, die man als ‚Apfelännchen' bezeichnet. Der Formenreichtum und die Selbstähnlichkeit der verschiedenen Gebiete bringt einem zum Staunen und zur Vermutung, dass in der Natur ähnliche Vorgänge ablaufen müssen. Apfelmännchen haben auch eine fraktale Dimension. Im Internet gibt es einige Anleitungen, wie man selbst auf dem Computer solche Apfelmännchen erzeugen kann.

Zelluläre Automaten

Ein wichtiges Charakteristikum emergenter Systeme ist die lokale Wechselwirkung zwischen benachbarten Elementen. Dabei können komplexe Erscheinungsformen entstehen. Ob diese Wechselwirkungen durch die Grundkräfte des Standardmodells, das wir aus der Teilchenphysik kennen, hervorgerufen

---

[76] Vorgang 1: Ein Photon bewegt sich von Ort zu Ort. Vorgang 2: Ein Elektron wandert von Ort zu Ort. Vorgang 3: Ein Elektron emittiert oder absorbiert ein Photon.

werden und so erklärbar sind, bleibe dahingestellt. Um zu einem zellulären Automaten zu kommen wird normalerweise über eine Ebene ein regelmässiges Gitter gelegt, so dass schachbrettartig Zellen entstehen. Wie bei vielen Brettspielen werden dann einfache Regeln aufgestellt, wie sich die Zellen verhalten sollen, wenn sich die Nachbarzellen ändern. Die Zellen selbst können die binären Zustände Null und Eins annehmen. Auch hier werden iterative Schritte durchgeführt, die am folgenden Beispiel näher erläutert werden sollen.

Das Spiel des Lebens

Der wohl berühmteste zelluläre Automat stammt vom britischen Mathematiker J.H. Conoway und hat den Namen ‚Spiel des Lebens'. Dazu meint Hawking [14]: *„Das Wort ‚Spiel' im Spiel des Lebens ist irreführend. Es gibt keine Gewinner und Verlierer, noch nicht einmal Spieler. Es ist auch eigentlich kein Spiel, sondern ein Satz von Gesetzen, die ein zweidimensionales Universum regieren. Es handelt sich dabei um ein deterministisches Universum. Sobald man eine Anfangskonfiguration gewählt hat, legen die Gesetze eindeutig fest, was in Zukunft geschieht."*

Eine Zelle mit Zustand 1 wird als ‚lebendig' bezeichnet, eine Zelle mit Zustand 0 als ‚tot'. Die Zahl der lebendigen Nachbarn bestimmt, was als nächstes passiert. Dabei gelten folgende Regeln:

1. Eine lebendige Zelle mit zwei oder drei lebendigen Nachbarn überlebt.
2. Eine tote Zelle mit genau drei lebendigen Nachbarzellen wird lebendig.
3. In allen anderen Fällen stirbt die Zelle oder bleibt tot.

Damit wird Überleben, Geburt und Tod simuliert. Im Internet findet man Anleitungen, mit denen man das Spiel des Lebens auf dem Computer studieren und sehen kann, wie komplexe Strukturen entstehen oder auch absterben können.

Nochmals Hawking: *„Dieses Universum ist so interessant, weil die grundlegende ‚Physik' zwar einfach ist, die ‚Chemie' aber kompliziert. Zusammengesetzte Objekte existieren in diesem Universum auf verschiedenen Grössenebenen. Auf der tiefsten Ebene teilt uns die*

Physik nur mit, dass es lebendige und tote Quadrate gibt. Auf einer höheren Ebene gibt es ‚Gleiter', ‚Blinker' und ‚Stilleben-Blöcke'. Auf einer Ebene darüber gibt es noch komplexere Objekte …..die sich in diagonaler Richtung ausbreiten."

Zurück zur Natur

Die erwähnten mathematischen Modelle können sehr lehrreich sein und man wird versuchen, in der Natur ähnliches Verhalten zu finden. Ob dazu die erwähnten Grundregeln von Feynman ausreichen oder ob andere Spielregeln zu den komplexen Erscheinungen in der Natur führen, kann heute noch nicht gesagt werden. Hier ist wohl das wichtigste Gebiet für die Grundlagenforschung. Dabei könnte die Nanophysik zu wichtigen Erkenntnissen führen. Wie entsteht auf atomarer Ebene Komplexität? – Wie entstehen Gebilde, die Eigenschaften besitzen, wie man sie von Pflanzen kennt?

Interessant ist auch das Verhalten von Viren. Viren vermehren sich nicht durch Zellteilung; sie können aber umliegende Eiweisse dazu veranlassen, dass sie zu Viren werden. Der Weg zur lebendigen Zelle ist dann noch weit. Wie konnten oder können genetische Informationen entstehen, die dann bei der Zellteilung weiter gegeben werden? Die Menschen konnten zwar die DNA entschlüsseln, ja sie können sie mit Gentechnik verändern, aber wie entstand Leben?

Die vierte Dimension des Lebens: Fraktale Struktur von Organismen

„Aus vielen Beispielen im Alltag ist bekannt, dass sich kleine, leichte Tiere in der Regel schnell bewegen, grosse, schwere dagegen langsam. Dies gilt auch für die Herzschlagfrequenz, sie ist bei einer Maus hoch im Vergleich zu einem Elefanten. Letzterer lebt auch viel länger als eine Maus. Gibt es einen Zusammenhang, etwa zwischen der Lebenszeit oder der ‚Aktivität' eines Lebewesens und seiner Körpermasse? [29]"

Doppelspaltexperiment mit Viren

Am 26. August 2050 konnte man einer Zeitungsnotiz entnehmen, dass eine Forschergruppe aus Japan den Nachweis erbrachte, dass Viren bei einem Doppelspaltexperiment Interferenzerscheinungen zeigen. Dies ist insofern interessant, als Viren eine genetische Information tragen. Bisher wurde darüber spekuliert, ob diese Information bei solchen Experimenten verloren gehen oder ob sich die Viren mutieren würden. Dies scheint nicht der Fall zu sein.

Ausgangspunkt waren die von Zeilinger [43] durchgeführten Experimente mit Fullerene. Die von ihm verwendeten Fullerene bestehen aus sechzig Kohlenstoffatome und haben dieselbe Struktur wie ein Fussball. Solche Fullerene haben einen Durchmesser von einem Nanometer. Dabei ist ein Nanometer der millionste Teil eines Millimeters. Zeilinger und seine Mitarbeiter verwendeten ein Gitter, welches aus 50 Nanometer dicken und 50 Nanometer voneinander entfernten Stäben bestand. In der Zwischenzeit machte die Nanotechnologie grosse Fortschritte und es gelang, Gitterabstände von 20 Nanometer zu realisieren. Auch die Meeresbiologie hatte grosse Fortschritte gemacht und man konnte 7 Nanometer grosse Viren entdecken, die sich im Plankton vermehren konnten. Es gelang im Labor, diese Virenkulturen zu isolieren und mit ihnen Versuche unter höchsten Sicherheitsmassnahmen durchzuführen. Die verwendeten Viren sind wie Atome oder Moleküle vollkommen identisch. Damit war der Weg frei für das Doppelspaltexperiment. Es ist naheliegend, dass bei solchen Viren auch ein Tunneleffekt vorkommen könnte. Dies ist etwas ganz anderes als das oft gehörte Beispiel vom Lastwagen, der durch eine Wand tunneln könnte, wobei nur die Wahrscheinlichkeit sehr klein wäre. Ein einzelner Lastwagen ist kein Elementarteilchen und keine Virenkultur, bei der die Elemente ausgetauscht werden.

Bei der Analyse solcher und ähnlicher Fragen ergeben sich Lösungsansätze, die zu fraktalen Dimensionen führen: „*Zusammenfassend bedeutet dies, dass Lebewesen zwar in einem dreidimensionalen Raum agieren, ihre interne Physiologie aber abläuft, als ob sie vierdimensional wären. Hier handelt es sich um Resultate aktueller Forschung, die nicht unumstritten ist.[29]*"

Offensichtlich sind wir in vielen Bereichen mit unserem Wissen noch in der ‚nullten Näherung'. Dafür können wir aber immer noch staunen. Und so komme ich auf die Stufen in Hesses Gedicht zurück:

> *Wie jede Blüte welkt und jede Jugend*
> *Dem Alter weicht, blüht jede Lebensstufe,*
> *Blüht jede Weisheit auch und jede Tugend*
> *Zu ihrer Zeit und darf nicht ewig dauern.*
> *Es muss das Herz bei jedem Lebensrufe*
> *Bereit zum Abschied sein und Neubeginne,*
> *Um sich in Tapferkeit und ohne Trauern*
> *In andere, neue Bindungen zu begeben.*
> *Und jedem Anfang wohnt ein Zauber inne,*
> *Der uns beschützt und der uns hilft zu leben.*

14

Vom Wert des Sammelns

*Schläft ein Lied in allen Dingen
(J. von Eichendorf)*

Jede wissenschaftliche Tätigkeit beginnt mit dem Sammeln von Fakten. Dies gilt sowohl für das selbstständige Arbeiten an einem wissenschaftlichen Thema, was eine Voraussetzung ist, damit ein Kandidat den Titel eines ‚Doktors' führen darf. Dies gilt aber auch für sämtliche Wissenschaftsdisziplinen, gehören sie zu den Geisteswissenschaften oder zu den Naturwissenschaften. Auch die Physik macht keine Ausnahme. Nur die Methode und das Ziel der Physik ist speziell; hier soll eine Theorie voraussagen, was man im Experiment bestätigen kann. In den meisten Wissenschaften ist es aber nicht möglich, exakte und schlüssige Experimente durchzuführen. Aber alle Wissenschaften suchen nach Ordnungsprinzipien, um allgemeine Aussagen machen zu können. ‚Das Suchen nach Ordnung ist der Anfang der Wissenschaft' heisst das Motto zu diesem Buch.

Hier sollen beispielhaft einige Naturwissenschaften aufgezählt werden, deren Basis das Sammeln von Fakten und das Finden von Ordnungsprinzipien ist.

<u>Kosmologie</u>
Lange Zeit zählte man die Kosmologie nur halb zur Physik. In der Einstein-Welt können keine Experimente durchgeführt werden; man kann ‚nur' beobachten. Immerhin können Beobachtungen von verschiedenen Menschen, von verschiedenen Orten und mit verschiedenen Instrumenten durchgeführt werden. Wenn dann diese Beobachtungen zum gleichen Sachverhalt führen, dann hat man Wissen über das Universum gesammelt. Da in der Zwischenzeit auch Physik-Nobelpreise für solche Beobachtungen vergeben wurden, gehört die Kosmologie mit all ihren Theorien und Vermutungen in den Kreis der Physik.

Die systematische Beobachtung des Universums erlebte mit der Erfindung der Fotografie einen Durchbruch. *„Die Fotografie erwies sich als unschätzbar wertvolle Technik für das genaue und objektive Festhalten von Beobachtungen, doch nicht minder wichtig war, dass sich nun neue Möglichkeiten boten, zuvor unsichtbare Objekte zu entdecken [35]."* Das Katalogisieren der Fotoplatten und deren Auswertung war weitgehend Frauenarbeit. *„Annie Jump Cannon beispielsweise katalogisierte zwischen 1911 und 1915 monatlich etwa 5 000 Sterne und berechnete Position, Helligkeit und Farbe jedes Einzelnen. Ihre grosse praktische Erfahrung nutzte sie für einen wichtigen systematischen Beitrag, nämlich zur Einteilung der Sterne in sieben Klassen (Singh [35], p. 216)."* Auch Henrietta Leavitt hat einen wichtigen Beitrag bei der Erforschung des Universums geleistet. Leavitt untersuchte den Zusammenhang von Helligkeit und der Periode im Leuchten der Cepheiden. Daraus konnte sie ein Mass für die Entfernung der Sterne ableiten. Nur mit Geduld und genauer Beobachtung und Sammeln von Daten waren solche Leistungen möglich.

Auch heute versucht man, neue Informationen aus dem Weltall zu erhalten. Dabei ist man noch nicht sehr weit; man ist immer noch in der nullten Näherung. Man möchte den Nachweis von Gravitationswellen, wie sie nach der Theorie von Einstein zu erwarten wären, erbringen, um damit Rückschlüsse auf die beteiligten Sterne machen zu können. Auch die Analyse der Neutrinoflüsse aus den benachbarten Sonnen, die Aufschluss über das Innere dieser Gestirne geben könnte, ist praktisch noch nicht existent. Es bleibt also noch viel zu tun.

<u>Chemie</u>

„Die Chemie ist die Lehre von den Stoffen, von ihrem Aufbau, ihren Eigenschaften und von den Umsetzungen, die andere Stoffe aus ihnen entstehen lassen", beginnt das berühmte Lehrbuch von Linus Pauling zur Einführung in die Chemie [25]. Chemie ist eine Erfahrungswissenschaft; grundlegend dabei sind die Elemente, die zuerst mühsam gewonnen und dann ausgemessen werden mussten. Man bestimmte das Atomgewicht, das spezifische Gewicht, die Dichte, die thermische und elektrische Leitfähigkeit und vieles mehr. Dies bedurfte einer akribischen Sammelarbeit. Es war dann ein grosser Erfolg, als es Dimtrie

Mendelejew und Lothar Meyer gelang, ein Ordnungsprinzip zu entdecken und das Periodensystem der Elemente zu entwickeln. Später hatte man durch das Bohrsche Atommodell und das Pauli-Prinzip eine passende Erklärung für die Periodizität. Die Theorien der Chemie basieren auf diesen Modellvorstellungen, wobei auch Moleküle und sehr komplizierte Verbindungen sogar in dreidimensionaler Darstellungen gezeigt werden können. Hier zeigt sich die Nützlichkeit der Modelle, auch wenn Physiker einwenden, dass diese Modelle gar nicht stimmen könnten.

<u>Biologie</u>
Am Anfang bestand die Biologie in der systematischen Erfassung der Pflanzen und Tiere. Dazu brauchte es eine genaue Beobachtung und ein Klassifizierungssystem. Carl von Linné entwickelte ein solches System, welches jeder Art, seien es Tiere oder Pflanzen, einer Gattung zuordnete, wobei zusätzlich ein Artnamen hinzugefügt wurde. So heisst der Mensch homo sapiens [Wi].

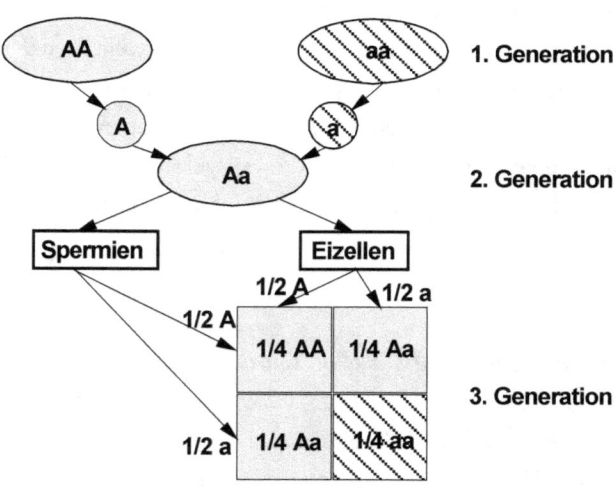

A: Dominante Eigenschaft; a: Rezessive Eigenschaft

Abb.22: Schematische Darstellung der Mendelschen Vererbungslehre

Später entstand die Vererbungslehre, welche mit dem Namen Gregor Mendel verknüpft ist. Er untersuchte vor allem Erbsen und ihre typischen Merkmale[77]. Dabei konnte er zwischen dominanten und rezessiven Erbanlagen unterscheiden und so die Häufigkeit der Merkmale bei den nachfolgenden Generationen vorhersagen. Um 1900 entstand die Chromosomentheorie, die gut mit den Ergebnissen von Mendel verträglich war.

Nicht alle vererbten Merkmale konnten aber mit den Mendelschen Regeln erklärt werden und oft waren nur statistische Voraussagen möglich. Es scheint, dass viele additiv wirkende Gene am Schluss zu einem bestimmten Merkmal führen. Mit den Fortschritten in der Molekularbiologie begann ein neues Kapitel in der Genforschung. 1944 erbrachte Oswald Avery den Nachweis, dass die DNA (Desoxyribonukleinsäure) das Material ist, welches die genetische Information enthält. Viel weiter wäre man wohl nicht gekommen, wenn nicht viele neue technische Hilfsmittel entwickelt worden wären: Instrumente, Apparaturen und vor allem Computer. Nach heutigem Wissensstand besteht das DNA-Molekül aus zwei Ketten, die wie parallel verlaufende Federn miteinander verwunden sind (Doppelhelix). Dabei stellte sich heraus, dass alle Gene aus DNA bestehen, aber nicht alle Teile der DNA bilden Gene. Der grösste Teil der DNA befindet sich in den Chromosomen, aber auch im Zellplasma findet man DNA-Stränge. Die Sache ist also recht kompliziert und die Forschung ist noch lange nicht abgeschlossen.

Heute ist der Begriff des Gens recht unscharf geworden. Man geht davon aus, dass der Mensch etwa 40 000 Gene besitzt. Aber was ist ein Gen? – Manchmal ist die Modellvorstellung, dass Gene so was wie Perlen auf den Chromosomensträngen seien, hilfreich. Gene hätten dann den Charakter von Atomen und wären genau lokalisierbar. Aber diese Definition hält einer kritischen Betrachtung nicht stand. Vielleicht muss man eher die Funktion der DNA-Sequenzen als Gen bezeichnen und oft kann man nur mit Bildern aus den

---

[77] Auf dem Bienenhaus im Klostergarten soll der Spruch ‚si sapis, sis apis' gestanden haben. ‚Wenn du weise bist, arbeite wie eine Biene' und daran hat sich der Augustinermönch Mendel gehalten.

Computerwissenschaften ausdrücken, was ein Gen sein könnte. So wird die DNA als Programm beschrieben, wobei die Gene dann Untereinheiten dieses Programms wären. Gene sind vor allem etwas, mit dem eine Zelle bestimmte Produkte herstellen kann und die wichtigsten Produkte sind die Proteine. Meist ist ein pragmatisches Vorgehen wichtiger als das Ringen um den richtigen Genbegriff.

Pharmazie

Die Forschung in den pharmazeutischen Unternehmen verfolgt ein bestimmtes, kommerzielles Ziel. Es geht darum, neue Medikamente zu entwickeln. Zuerst stellen sich Marketing-Fragen: Welches Marktsegment soll bearbeitet werden? Für welche Krankheiten soll das Medikament wirksam sein? Wie gross ist dieses Marktsegment? Welche Medikamente für diese Krankheiten gibt es schon auf dem Markt und was werden die Konkurrenten in der nächsten Zeit tun? Dann erfolgt eine erste Abschätzung, was die Entwicklung eines solchen Medikaments kosten wird und ob diese Kosten wieder eingespielt werden könnten.

Erst dann beginnt die wissenschaftliche Forschung. Basis sind all die gesammelten Fakten, die für dieses Fachgebiet relevant sind. Nach der langen Zeit, die dann für die Entwicklung eines neuen Wirkstoffes gebraucht wird, muss dieser gegen alle möglichen anderen Medikamente und Wirkstoffe auf verschiedene Reaktionen und Nebenwirkungen geprüft werden. Auch hier ist die Basis das gesammelte Wissen. Erst nachher kommt die klinische Erprobung.

Wenn dann der Arzt das neue Mittel gegen eine Krankheit einsetzten will, dann muss er wieder auf das gesammelte Wissen von ihm und seinen Fachkollegen zurückgreifen können, bevor er es seinen Patienten abgibt. Wir alle, die Medikamente benötigen, müssen also dankbar sein, dass Wissen und Erfahrungen gesammelt und katalogisiert werden.

Voraussetzungen für den wissenschaftlichen Fortschritt
Die wissenschaftliche Gemeinschaft als soziologisches System braucht bestimmte Voraussetzungen und ein bestimmtes Umfeld, damit Fortschritte erzielt werden können. Die wichtigsten Ressourcen sind ‚Wissen', ‚Ausbildung', ‚Energie' und ‚Geld' [31].

1) Wissen
Wissenschaft basiert auf Wissen und Wissen muss zur Verfügung stehen. Wissen muss deshalb gespeichert und katalogisiert werden. Es braucht - technisch gesprochen - Speicherelemente. Historisch war dies das Pergament, dann das Papier, das bis in die heutige Zeit das wichtigste Speichermedium ist. Neuerdings gibt es elektronische Speichermedien, Magnetbänder und Compact Disks. Ebenso wichtig ist das Beschreiben dieser Medien. Im Mittelalter taten dies die Mönche von Hand in den Skriptorien der Klöster. Man geht sicher nicht zu weit, wenn man die Erfindung des Buchdrucks durch Johannes Gutenberg als Revolution bezeichnet, wodurch erst Speicherung und Verbreitung von Wissen möglich wurde. Der Buchdruck war eine Voraussetzung für viele Umwälzungen, sei es durch die Reformation, sei es in der Wissenschaft. Erst dadurch war es möglich, dass die Bibel, aber auch Werke von Kopernikus oder Kepler genügend Verbreitung fanden und so die wissenschaftliche Revolution des Weltbildes auslösten. Heute sind das Internet und die Compact Disk nicht nur ein Ersatz für das gedruckte Wort, das Internet ist auch ein Mittel, das eine Zweiwegkommunikation zulässt. Hier kommt eine echt neue Dimension dazu, die es ermöglicht, dass Wissenschaftler an verschiedenen Orten der Welt gemeinsam an einem Problem arbeiten. Sie tauschen dabei nicht nur fertige Resultate wie in Fachzeitschriften oder an Konferenzen aus, sie arbeiten als Team an neuen Lösungen. Dies ergibt eine neue Qualität im wissenschaftlichen Arbeiten.

Das Wissen muss aber auch katalogisiert und aufbewahrt werden. Hier spielen seit alters her die Bibliotheken und mit ihnen die Bibliothekare eine wichtige Rolle. Die christlichen und biblischen Texte wurden im Mittelalter vor allem in den Bibliotheken der Benediktinerklöster verwaltet. Später übernahmen die

Universitäten diese Aufgaben. Zum Katalogisieren brauchte es Hilfsmittel, sei es Kataloge, Karteikarten oder heute die Computer. Gute Ordnungssysteme zeichnen sich dadurch aus, dass sie ‚offen' sind. Kommt ein neues Element dazu, so kann es einfach in das bestehende System integriert werden.

2) Ausbildung

Wissenschaftlichen Fortschritt gibt es nur, wenn es auch Menschen gibt, die sich Wissen aneignen und weiter entwickeln. Dazu braucht es Bildung und Schulen. Die Ausbildung in den Schulen und im Studium an den Universitäten besteht vor allem darin, dass der Student Lehrmeinungen sammelt, und in den Prüfungen muss er dann zeigen, dass er diese Lehrmeinungen kennt. In der Physik muss er fähig sein, diese Lehrmeinungen – Kuhn [20] nennt sie Paradigmen – auf einfache Experimente anzuwenden und für sie eine passende Erklärung zu geben. Die Universitäten erziehen ihre Studenten dazu, Leistungen zu erbringen und Rätsel zu lösen, wie sie zur normalen Wissenschaft gehören. Nur wenige können später Lehrmeinungen über Bord werfen und fundamental Neues zur Wissenschaft beitragen. Dies sind die Revolutionäre, die es von Zeit zu Zeit braucht.

3) Energie

Chemische Labors sind auch heute noch nicht ohne Gas vorstellbar, das man zum Destillieren und zum Einleiten chemischer Reaktionen braucht. Die breite Versorgung der Bevölkerung mit Gas und später mit Elektrizität war ein wichtiger Schritt für die westliche Zivilisation. Es war aber auch ein wichtiger Schritt für die Wissenschaft, konnten nun doch überall Laboratorien eingerichtet und neue physikalische Apparate gebaut werden. Insofern haben Erfinder wie Th. A. Edison und vor allem N. Tesla, der die Wechselstromtechnik entscheidend weiter entwickelt hat, mehr für den wissenschaftlichen Fortschritt geleistet, als man das gemeinhin zur Kenntnis nimmt.

Es braucht aber nicht nur die äussere Energie. Es braucht auch die innere Energie, welche die Forscher und Wissenschaftler antreibt, um Neues zu entdecken und neue Ideen zu entwickeln. Es ist diese Energie, die versucht, Ordnungsprinzipien in den vielfältigen und zum Teil widersprüchlichen Erscheinungsformen der Natur zu finden.

4) Geld

Geld ist eine wichtige Ressource und ohne Geld geht auch in der Wissenschaft kaum etwas. Heute sind Kredite und Budgets für Forschungsinstitute und Universitäten von so entscheidender Bedeutung, dass manche Institutsleiter mehr Zeit für die Geldbeschaffung aufwenden als für wissenschaftliche Arbeit. All die Berichte und Anträge, die benötigt werden, um zum Beispiel einen Kredit des Nationalfonds zu erhalten, brauchen Zeit. Auch das ist eine Sammeltätigkeit. Heute ist es die Industrie, die das meiste Geld für Forschungsvorhaben ausgibt. Man denke etwa an die pharmazeutische Industrie, aber auch an die grossen Forschungszentren wie die Bell Labs, die Forschungszentren von IBM und Philips oder aber auch an das Cold Spring Harbor Laboratorium in New York und seinen Direktor James Watson, einer der Entdecker der DNA. Dabei sind kommerzielle Interessen sicher ein Hauptgrund für die riesigen Aufwendungen.

<u>Schönheit der Natur</u>

Für viele Sammler steht das Besitzen im Vordergrund. Dies gilt für die vielen Menschen, die ein solches Hobby haben. Der eine sammelt Briefmarken oder Münzen. Die anderen Antiquitäten. Meist ist es eine ‚nutzlose' Tätigkeit, die aber Befriedigung gibt. Andere Sammeln Kunstwerke und Bilder. Dabei geht es oft um Prestige und zur Schaustellung der Macht. Dies ist dann nicht mehr so selbstlos, wie es den Anschein macht. Doch hier wollen wir nicht allzu streng sein und auf einen anderen Gedanken hinweisen.

Si sapis, sis apis (Seneca)

Sammeln und katalogisieren ist das eine, Staunen über die Vielfalt und Schönheit der Natur oder das ganze Universum [1] das andere. Es ist zu hoffen, dass die emsigen Forscher und Sammler dies nicht verlernt haben. Was meint wohl der romantische Dichter Joseph von Eichendorf, wenn er schreibt:

> *Schläft ein Lied in allen Dingen,*
> *Die da Träumen fort und fort,*
> *Und die Welt fängt an zu singen,*
> *Triffst du nur das Zauberwort.*

15

Was weiss man von der Realität?

Die Ordnung, die unser Geist sich vorstellt,
ist wie ein Netz oder eine Leiter.
(U. Eco: Der Name der Rose)

<u>Was ist Physik?</u>
Die Physik untersucht die grundlegenden Phänomene in der Natur [Wi]. Sie sucht nach Gesetzmässigkeiten und will anhand von Modellen die Wechselwirkungen von Materie und Energie in Raum und Zeit erklären. Physik ist zuerst eine experimentelle Wissenschaft, die Fakten sammelt. Dabei spielt der Bau von Messapparaturen eine wichtige Rolle, wie dies im ersten Kapitel beschrieben wurde. Dies ist das Arbeitsgebiet der Ingenieur-Physiker. Die theoretischen Physiker formulieren Modelle in mathematischer Sprache. Sie besitzen allgemein einen höheren Kultstatus als die Ingenieur-Physiker. Diese theoretischen Physiker kommen oft nicht umhin, sich mit philosophischen Fragestellungen auseinander zu setzen[78]. Davon soll im Folgenden berichtet werden. Die einzelnen Abschnitte tragen folgende Überschrift:
- Der wissenschaftliche Realismus
- Modellabhängiger Realismus
- Naturgesetze und Wirklichkeit
- Information und Wirklichkeit

Im Rahmen dieses Buches bleiben wir auch da in der nullten Näherung.

<u>Der wissenschaftliche Realismus</u>
Wir alle kennen Max Planck als den Begründer der Quantenmechanik. Mit seiner Annahme der Lichtquanten konnte er als Erster die Strahlung des schwarzen Körpers richtig erklären. Die Quantenphysik ist heute eines der am

---

[78] Physik kann man in Zürich sowohl an der Philosophischen Fakultät II der Universität als auch an der Eidgenössischen Technischen Hochschule (ETH) studieren. Dies zeigt, dass Physik zwischen Philosophie und Technik steht.

besten erforschten Gebiete der Physik. Planck hat aber auch die Physik von der Philosophie abgekoppelt, so wie Galilei die Physik von der Theologie abgekoppelt hat. Die Philosophie von Kant, Hegel, Heidegger und anderen prägt vor allem die Begriffswelt der theoretischen Physiker. Insbesondere der Positivismus, dessen bekanntester Vertreter Ernst Mach war, hatte eine grosse Bedeutung. Positivismus in der Physik bedeutet, dass Erkenntnis sich auf positive Befunde beschränken soll, die im Experiment nachweisbar sind [Wi]. Damit verwandt ist der Phänomenalismus. Danach müssten alle physikalischen Theorien in empirischen, der unmittelbaren Wahrnehmung direkt zugänglichen Begriffen, formuliert werden [33].

Planck und Mach setzten sich mit dem erkenntnistheoretischen Grundproblem auseinander.[79] Dabei geht es um die Frage nach einer hinsichtlich ihrer Existenz vom menschlichen Bewusstsein unabhängigen realen Aussenwelt. *„Dies ist für die philosophische Basis der Physik ein entscheidendes Problem. Für den Realisten bildet diese Basis die Gesamtheit aller materiellen Gegenstände, für den Idealisten besteht sie aus Sinnesdaten, Empfindungen und dergleichen .... Glauben wir Ersteres, so sind wir Realisten, glauben wir Letzteres, so sind wir Positivisten (oder in diesem Fall: Idealisten). [33]"*

In der historisch berühmten Planck-Mach-Debatte vertrat Planck den wissenschaftlichen Realismus und den Glauben an eine reale Aussenwelt als Grundlage jeder Naturwissenschaft. Und er kämpfte mit aller Kraft gegen den erkenntnistheoretischen Positivismus. Die Physik hat sich demnach mit einer realen, vom menschlichen Bewusstsein völlig unabhängigen Aussenwelt zu befassen, und sie soll diese immer besser und genauer untersuchen. Heute nehmen wohl alle Physiker diese Position ein. Der Kosmos existiert unabhängig davon, ob sich auf dem Planet Erde ein ‚Homo sapiens' entwickelt hat oder nicht. Die Physik muss deshalb von allen anthropomorphen Elementen befreit sein.

---

[79] Dem an diesen Fragen interessierten Leser sei das Buch von Erhard Scheibe ‚Die Philosophie der Physiker' [33] empfohlen.

Darin unterscheidet sich der wissenschaftliche Realismus vom alltäglichen Realismus. Im Alltag nehmen wir an, dass die Umwelt real ist. Ein Stuhl ist ein Stuhl und ein Tisch ist ein Tisch. Diese Denkweise findet man auch in der scholastischen Philosophie, wenn sie sich zu Naturphänomenen äussert. Der wissenschaftliche Realismus verzichtet aber auf die aus der Erfahrungswelt gewonnen Anschauungen. Sowohl die Allgemeine Relativitätstheorie als auch die Quantenphysik sind nicht anschaulich, physikalisch aber überprüft und real.

Zwischen Planck und Mach gab es noch einen weiteren Gegensatz im Verständnis der Physik. Planck war ein Anhänger des Atomismus, Mach vertrat die Kontinuumslehre. In der Atomistik denkt man an Teilchen, in der Kontinuumslehre an Felder und Wellen. Obwohl die heutige Physik meistens vom Teilchenbild ausgeht, sind Feldgleichungen immer noch von grosser Bedeutung. Sowohl die Allgemeine Relativitätstheorie als auch die Maxwell-Gleichungen verknüpfen Felder mit Quellen. Für Mach waren Atome und Moleküle nur Gedankensymbole und sein Ausspruch ‚Ham's ans g'sehn?' ist schon fast legendär [23]. Nur sollte man sich darüber nicht lustig machen. Von Atomen und Elektronen kennen wir nur die Spuren, die sie zurücklassen, und unsere Vorstellung von Elektronen als kleine Kügelchen ist sicher nicht haltbar. Im wissenschaftlichen Realismus sollte man sich sowieso vor bildlichen Vorstellungen hüten.

Weiterhin im Raum steht die Frage ‚Wie entsteht wissenschaftlicher Fortschritt?' Um diese Frage drehte sich die Popper-Kuhn-Debatte. Nach Karl Popper sollen die Theoretiker Hypothesen (in mathematischer Form) aufstellen, die dann später im Experiment verifiziert oder falsifiziert werden können. Solange die Theorie nicht falsifiziert ist, ist sie brauchbar, auch wenn sie nur eine Vermutung ist. Popper verneint, dass mit dem Sammeln von Fakten durch Induktion auf ein allgemeingültiges Gesetz geschlossen werden kann. Damit grenzt er sich gegen den Positivismus ab. Nach Thomas S. Kuhn gibt es Phasen der ‚normalen Wissenschaft' in denen aufgrund des vorherrschenden Paradigmas – der gängigen Theorie – Probleme durch Experimente immer besser und genauer erforscht werden können. Daneben gibt es Phasen der Revolution. Dabei versagt das alte Paradigma zur Erklärung der experimentell gefundenen Tatsachen. Es braucht ein neues Paradigma – eine neue Theorie – um die gefundenen Daten zu erklären. Hier unterscheidet sich Kuhn sowohl von Popper als auch von den Anhängern der Induktion. Beide Ansätze – der von Popper und der von Kuhn – haben ihre Berechtigung und man kann dazu Beispiele anführen. Einsteins Allgemeine Relativitätstheorie musste nicht entwickelt werden, weil experimentelle Befunde nicht erklärt werden konnten. Einstein stellte Hypothesen auf, die bis jetzt noch nicht falsifiziert wurden. Das Gegenbeispiel ist die Quantenphysik. Hier mussten Phänomene durch eine neue Theorie – die Heisenbergsche Matrizenmechanik oder die Schrödinger-Gleichung – beschrieben werden. In vielen Fällen wurden durch handwerklichen oder technischen Fortschritt neue Messtechniken ermöglicht, die dann zu neuen, unerwarteten Resultaten führten und so einen Paradigmawechsel einleiteten. Diesen historisch wichtigen Aspekt habe ich in meinem Buch ‚Werkzeuge und Denkzeuge' beschrieben [31].

<u>Modellabhängiger Realismus</u>
Stephen Hawking und sein Coautor Leonard Mlodinow verwenden in ihrem Buch ‚Der grosse Entwurf' [14] diesen Begriff. Danach ist eine physikalische Theorie oder ein Weltbild ein meist mathematisches Modell, welches einen Satz von Regeln besitzt, die die Elemente des Modells mit den Beobachtungen verbindet. „*Es gibt keinen abbild- oder theorieunabhängigen Realitätsbegriff (p. 42)*", ist eine ihrer zentralen Aussage. Und weiter: „*Ein Modell ist gut, wenn es 1. elegant ist; 2. nur wenige willkürliche oder solche Elemente enthält, die sich gezielt anpassen lassen; 3. mit den vorhandenen Beobachtungen übereinstimmt und sie erklärt; 4. detaillierte Vorhersagen über zukünftige Beobachtungen macht, die das Modell widerlegen oder falsifizieren können, wenn sie sich nicht bewahrheiten.*"

Leider kann man von der nachher im Buch beschriebenen M-Theorie nicht behaupten, dass sie die Kriterien für ein gutes Modell erfüllt. Das Multiversum kann weder verifiziert noch falsifiziert werden, da wir darüber keine Informationen besitzen.

Ein weiteres Beispiel für den modellabhängigen Realismus ist die Viele-Welten-Theorie. Sie will der Schrödinger-Gleichung uneingeschränkte Gültigkeit zukommen lassen [Wi]. Im Ende will man eine Wellenfunktion für das Universum aufstellen, die unabhängig von einem Beobachter ist. Viele Welten heisst die Theorie, weil sich die Wellenfunktion in verschiedene Zweige separiert, die nicht mehr miteinander interagieren können. Allerdings sind diese Welten nicht beobachtbar. Die Viele-Welten-Theorie kann nicht verifiziert oder falsifiziert werden und für die Experimente in der Quantenphysik bringt sie nichts Neues.

Auch die Kontinuumslehre ist nicht überwunden, und sie führt sogar zu alternativen Modellen, welche sich mit dem wissenschaftlichen Realismus vertragen. Da ist Laughlins Aussage zum relativistischen Äther [21] oder in noch umfassender Form Widmers deduktive Physik [41]. Sie geht von den a priori – Aussagen von Kant zu Raum und Zeit aus. Diese ergänzt er mit der Postulat eines weiteren a priori – Begriffs, dem Kontinuum. Materie ist für ihn eine abgeleitete Grösse. *„Was sich als Materie manifestiert, manifestiert sich als Kontinuum in Resonanz (p. 60)".* Die Grundlagen seines Weltbildes beschreibt er wie folgt:
„Wir wissen, dass es ohne jeden Sinn ist, verstehen zu wollen:
- *was Raum, Zeit, Kontinuum ‚an sich' sind,*
- *warum es etwas gibt und nicht nichts,*
- *zu welchem Zweck es alles gibt;*

vollständig einzusehen ist, wie sich alles verhält:
- *Ungleichgewichte stehen im Kontinuum am Anfang von allem und führen zu Dynamiken,*
- *Wechselwirkungen der Dynamiken bringen Strukturen hervor*
- .... "

Damit sollte die ganze Physik von der Kosmologie und der allgemeinen Relativitätstheorie über die klassische Physik und die Quantenmechanik bis hin zur Stingtheorie wenigstens im Prinzip erklärt oder verständlich gemacht werden. Details müssten noch ausgearbeitet werden. Im Weiteren leitet er daraus Erklärungen für alles (Leben, soziologische Kulturen, Ethik, Kultur usw.) ab und er nennt das Ganze ‚Das Modell des konsequenten Humanismus'.

Zu Widmers Ansichten müssen folgende Bemerkungen angebracht werden:
- Die deduktive Physik nach Widmer ist ein antropozentrisches System. Ziel der exakten Naturwissenschaften war und ist es, Naturgesetze zu finden, die weder von der Theologie, noch von der Philosophie oder anderen Weltanschauungen abhängig ist.
- Die deduktive Physik nach Widmer ist ein axiomatisches System, wobei die Existenz der Axiome Raum, Zeit und Kontinuum nicht experimentell nachgewiesen werden können. Auch diesem System wird durch den Goedelschen Unvollständigkeitssatz eine Grenze gesetzt.
- Die deduktive Physik ist wie die Bohmsche Theorie eine alternative Erklärung vor allem zu den experimentellen Befunden der Quantenmechanik. Sie macht aber keine zusätzlichen Voraussagen über künftige Beobachtungen und kann weder verifiziert noch falsifiziert werden. Sie ist für den Experimentalphysiker in der Praxis irrelevant.
- Die deduktive Physik ist der Gegenpol zur ‚Theorie von allem', nach der die String-Anhänger suchen. Diese wollen auf Grund eines fundamentalen Gesetz über das Innerste der Natur alles erklären. Dies ist der bottom-up – Ansatz. Die deduktive Physik will alles aufgrund allgemeiner, philosophischen Prinzipien top-down erklären. Hier zeigt sich die Hybris[80] der Physiker und Philosophen.

<u>Naturgesetze und Wirklichkeit</u>
Wir sind uns gewohnt, physikalische Theorien und Zusammenhänge in der mathematischen Sprache zu formulieren. Mit dieser Sprache wollen wir ausdrücken, wie sich die Natur verhält. Wegen der grossen Erfolge der mathematischen Physik erliegt man gerne der Versuchung, dass sich die Natur nach den Aussagen der Sprache zu richten hätte. Dabei kann Sprache stets nur eine Annäherung an die fundamentaleren Naturgesetze sein. Die wissenschaftli-

---

[80] Hybris im Griechischen: Frevelhafter Übermut, Hochmut, Selbstüberschätzung.

chen Rationalisten und Anhänger von Popper, wie zum Beispiel Henning Genz[81], sehen dies so und gehen davon aus, dass eine mathematisch formulierte Theorie solange von grossem Wert sei, als sie noch nicht durch Experimente falsifiziert wurde. Viel radikaler in seinem Denken war Ernst Mach. Für ihn sind mathematisch formulierte Formeln lediglich ökonomischer als die Aufzählung vieler Einzelfälle. Das Machsche Ökonomieprinzip unterstellt, dass es in der Natur keine Gesetze gebe, dass es aber praktischer oder ökonomischer sei, die Summe vieler Einzelerfahrung in Sprache – in mathematischer Sprache – zu fassen. Danach ist zum Beispiel Einsteins mathematisch formulierte Allgemeine Relativitätstheorie mit einem vierdimensionalen Raum ökonomischer als eine dreidimensionale Theorie mit vielen Zusatzannahmen, sagt aber letztlich nichts über die Natur oder Realität aus. Diese Grundhaltung sah man schon im Mittelalter im berühmten Ockhamschen Rasiermesser, nachdem eine Theorie dann der anderen überlegen sei, wenn sie mit weniger Annahmen auskomme. Einstein war zuerst stark von der Denkweise von Mach beeinflusst, ging dann aber Richtung Popper. In seinem Gespräch mit Heisenberg [16] wagte er sogar die Aussage: *„Erst die Theorie entscheidet darüber, was man beobachten kann!"* Dies widerspricht der Auffassung von Kuhn [20], nach der experimentell gefundene Paradoxien zu einem Paradigmawechsel führen können.

Zurück zur Sprache der Mathematik: Die Mathematik ist einerseits eine abstrakte, andererseits eine ‚technische' Disziplin. Abstrakt sind die Axiome und die Gesetze, technisch sind die Anwendung dieser Gesetze und die darauf beruhenden Beweise. Es gibt nicht nur eine Mathematik und eine Geometrie. Es gibt viele abstrakte Räume, die durch unterschiedliche Axiome definiert sind, in denen man mathematische Ableitungen und Schlussfolgerungen durchführen kann. Aus der Geometrie ist bekannt, dass es neben der Euklidschen Geometrie auch die Riemannsche Geometrie gibt, die Einstein für seine Relativitätstheorie einsetzte. Wie Feynman [8] bemerkte, sind die ma-

---

[81] Dem interessierten Leser sei das Buch von Henning Genz ‚Wie die Naturgesetze Wirklichkeit schaffen' [12] empfohlen. Allerdings ist anzumerken, dass es nicht in allen Teilen einfach zu lesen ist.

thematischen Schlussfolgerungen richtig oder falsch, ohne dass man ihnen einen physikalischen Sinn zuordnet. Die Grenzen dieser Schlussfolgerungen sind durch den Gödelschen Unvollständigkeitssatz gegeben.

Gänzlich anderer Natur sind physikalische Gesetze. Physikalische Gesetze sind Beziehungen zwischen Messungen, wobei man immer wieder und unabhängig vom Ort das gleiche Ergebnis erhält. Auch physikalische Gesetze weisen einen hohen Abstraktionsgrad auf. Dies liegt einerseits daran, dass man abstrakte Begriffe wie Masse, Energie und Beschleunigung, um nur einige zu nennen, auf real beobachtbare Vorgänge anwendet, andererseits aber auch daran, dass diese Beziehungen zwischen den Messungen in der abstrakten Sprache der Mathematik formuliert werden. Und diese Formulierungen prognostizieren ein deterministisches Verhalten. Dies sei an einem Beispiel erläutert. Im Falle des Newtonschen Bewegungsgesetzes misst man die Beziehung zwischen den drei Grössen Kraft, Masse und Beschleunigung. Die daraus gefundene mathematische Beziehung gestattet nun, die Bewegung eines Körpers (vorausgesetzt es tritt keine Störung ein) exakt vorauszusagen, sodass man keine neue Messung mehr braucht.

Wann ist ein Gesetz aber ein Naturgesetz? – Hier zwei Zitate von Genz [12]: *„Allgemein treten in den Naturgesetzen zwei Typen von Grössen auf. Erstens jene, die das physikalische System definieren, für welches das Naturgesetz gilt und zweitens die Beschreibung der Zustände, die dieses annehmen kann (p. 156)."* Und *„Selbstverständlich ist es nicht, dass in der Natur mathematisch formulierte Naturgesetze gelten; zunächst ist es nur ein Glaube . ... Allgemein setzt die Erkenntnis von Naturgesetzen voraus, dass nicht alles von allem abhängt; sonst wäre es unmöglich, zwar etwas zu wissen, nicht aber alles (p. 158)."* Aus diesen Bemerkungen lässt sich schliessen, dass es kaum ein einheitliches Grundgesetz für alles gibt. Physik bleibt demnach eine ‚babylonische' Wissenschaft, wobei für verschiedene Systeme verschiedene Gesetze gelten. Dies ist der pragmatische Ansatz, der gerne in der Technik angewendet wird.

Eine weitere Frage drängt sich auf: ‚Gibt es fundamentale Gesetze auf der tiefsten Stufe und sind die Gesetze auf höherer Stufe rein statistische Gesetze?' – Demnach wären die Gesetze der Quantenphysik fundamental, die Gesetze der Thermodynamik und der Elektrodynamik nur statistisch. Boltzmann hat die Thermodynamik auf Molekularbewegungen zurückgeführt und gab so eine plausible Erklärung für die Zustandsgrössen Druck, Temperatur und Entropie[82]. Statistisch heisst zum Beispiel, dass sich ein heisses Gefäss nicht unbedingt auf Umgebungstemperatur abkühlen wird; es ist nur äusserst unwahrscheinlich, dass es von selbst noch wärmer wird. Begründet wird die Statistik mit der grossen Anzahl Moleküle im System. – Gänzlich anderer Natur ist die Auffassung von Laughlin [21]. Erst die Vielzahl der Teilchen, die als Agenten wirken, erzeugen neue emergente Eigenschaften, die sich nicht aus den Eigenschaften der einzelnen Teilchen oder Moleküle ableiten lassen. Dabei herrscht nicht die Statistik, sondern es herrschen neue, in vielen Fällen noch unbekannte Ordnungsprinzipien.

Die Physik des 20. Jahrhunderts erlebte zwei grosse Durchbrüche: Einsteins Relativitätstheorie und die Quantenphysik, die von Heisenberg und von Schrödinger das mathematische Gewand erhielt. Beide Theorien sind wie die Newtonsche Mechanik und die Elektrodynamik nach Maxwell deterministisch, das heisst, man kann künftige Entwicklungen voraussagen, wenn man den Istzustand kennt. Dabei kennen die mathematisch formulierten grossen Gesetze der Physik keinen Unterschied zwischen Vergangenheit und Zukunft. Die Zeit kann also, wenigstens in der Theorie, vorwärts oder rückwärts laufen. Aber die gleichwertigen Pfadintegrale nach Feynman [9] beschreiben stets den Weg von einer Quelle zu einem Detektor und alle Experimente in der Quanten- und Hochenergiephysik haben im Prinzip einen solchen Aufbau. Damit entsteht zwangsläufig eine Kausalität: Teilchen werden beschleunigt und Treffen auf ein Target und lösen dort Reaktionen aus, die man mit Detektoren nachweisen kann. Auch auf Stufe der Elementarteilchen beobachtet man Fälle, die einen Unterschied in der Zeitrichtung machen. Genz [12] beschreibt

---

[82] Feynman hat dasselbe im Rahmen der Quantenelektrodynamik gemacht.

Beobachtungen an einem K-Meson, das sich in sein Antiteilchen umwandeln kann. Das Antiteilchen kann sich auch in das normale K-Meson umwandeln, wobei diese Umwandlung rascher abläuft, als die erste. „*Naturgesetze, die eine solche Unterscheidung erlauben, machen den Unterschied zwischen ‚vorwärts' und ‚rückwärts' in der Zeit beobachtbar. Sie sind, wie man sagt, nicht zeitumkehrsymmetrisch (p. 254).*" Auf makroskopischer Stufe gibt es irreversible und chaotische Vorgänge: Hier ist alles nicht zeitumkehrsymmetrisch! Anstelle des Determinismus für Teilchen in einem abgeschlossenen System tritt die Kausalität in den offenen Systemen.

Jede Stufe entwickelt demnach eigene Gesetze und schafft eine eigene Realität. Genz [12] beendet sein Buch mit der Aussage: „*Wir wollen es dabei belassen, dass die Realität der Welt uns insofern verborgen ist und wohl auch bleiben wird, als sie sich nicht durch Gesetze äussert, die auf unserer Ebene erkennbare Auswirkungen besitzen oder besitzen werden. Durch die Auswirkungen haben wir erkannt, dass erstens unsere Prinzipien nur unsere Prinzipien sind, also auf tieferer Ebene nicht gelten, und dass zweitens auf den tieferen Ebenen kein gesetzloser Zustand herrscht, sondern einer, der Prinzipien unterliegt. Auf jeden Fall besitzen die Naturgesetze eine härtere und klarere Realität als die Objekte, von denen sie sprechen.*" Es gilt aber auch der Umkehrschluss: Die Prinzipien auf tieferer Ebene sind nicht die Prinzipien auf emergenter Stufe. Die Realität ist vielschichtig und kann nicht in vollem Umfang erkannt und verstanden werden.

<u>Information und Wirklichkeit</u>
Bits und Bytes sind heute überall präsent: Computer und Handys prägen unseren Alltag. Damit hat die Informatik und die Kommunikationstechnik eine zentrale Bedeutung erlangt. In ihren Wurzeln ist die Informatik eine mathematische Disziplin. Informatikmodelle zur Abbildung der Wirklichkeit gehören deshalb zum modellabhängigen Realismus. Daran ändern die Aussagen von Zeilinger nichts [43]: „*Zur Wirklichkeit, was immer das sein möge, haben wir also nur indirekten Zugang. Das eigentlich Substanzielle sind die Beobachtungsergebnisse. Naturgesetze dürfen keinen Unterschied machen zwischen Wirklichkeit und Information. Im Sinne der klassischen Physik und auch in unserem Alltagsweltbild ist die Wirklichkeit*

zuerst, die Information über diese Wirklichkeit hingegen eben etwas Abgeleitetes, etwas Sekundäres. Aber vielleicht ist es auch umgekehrt. Alles, was wir haben, ist Information, sind unsere Sinneseindrücke, sind Antworten auf Fragen, die wir stellen. Die Wirklichkeit kommt danach. Sie ist daraus abgeleitet, abhängig von der Information, die wir erhalten."

Wenn von Beobachtungsergebnissen gesprochen wird, dann setzt das Messapparaturen voraus, die von Ingenieur-Physikern gebaut werden. Es gibt aber keine Messapparatur, die alle von einem Objekt ausgesandten Informationen ungestört empfangen und verarbeiten kann. Der Sender kann wesentlich mehr an Informationen aussenden, als durch die Filter der Messapparatur ins Verarbeitungscenter gelangen. Dies ist auch in der zwischenmenschlichen Kommunikation so: was der Empfänger als Information aufnimmt, ist nur zu einem Teil das, was der Sender als Information abgeben und was er damit erreichen wollte. Physikalische Objekte oder Phänomene können existieren, ohne dass wir von ihnen entschlüsselbare Informationen erhalten haben. Sie sind eine Wirklichkeit, obwohl wir über sie nichts aussagen können.

Die Argumentation von Zeilinger erinnert stark an Mach und seine Weltsicht. Die Leserin oder der Leser kann sich von einem philosophischen Standpunkt aus Mach oder Zeilinger anschliessen. Trotzdem sprechen die meisten Argumente für Plancks wissenschaftlicher Realismus. Durch die Neutrinoanalyse haben wir neuerdings Informationen über die in der Sonne ablaufenden Prozesse. Und diese Prozesse laufen schon seit Jahrtausenden ab, auch wenn wir dazu bisher keine Informationen hatten. Die Informationen, die wir bisher empfangen und analysiert haben, basieren auf den Leptonen (Elektronen, Mesonen) und ihren Austauschteilchen, vor allem den Photonen. Ein direkter Nachweis der Dunklen Materie oder der Dunklen Energie ist damit nicht möglich, obwohl an deren Existenz nicht gezweifelt wird. Deshalb wird heute stark auf dem Gebiet der Gravitationswellen geforscht, wodurch man sich neue Erkenntnisse erhofft. Unser Wissen über Bits und Bytes basiert weitgehend auf der Digitalisierung der elektromagnetischen Strahlung. Aber niemand kann ausschliessen, dass es noch andere Arten von Strahlung geben kann, die wir noch nicht kennen. Natürlich gehört das ins Reich der Spekulation. Wenn dann gar Mücklich [22] annimmt, dass das Universum Wissen über sich selbst erhalte, dass es Einheiten in ihm gibt, die das Universum wahrnehmen, dann kommen langsam anthropomorphe Elemente ins Spiel. *„Unser Universum war schon bei seiner Geburt so eingerichtet, dass es Milliarden Jahre später einmal Leben erzeugen kann."* Oder: *„Nehmen wir dies alles zusammen, so ergibt sich, dass die Existenz des Universums erst durch das Leben mit seinem Wissen um eben diese Existenz zustande kommt. Vor dem Auftreten des Lebens gab es noch kein Wissen und somit auch noch keine Existenz des Universums. Das Universum existierte somit noch gar nicht, bevor es Leben gab."* - Dies ist doch eine schwer zu akzeptierende Schlussfolgerung.

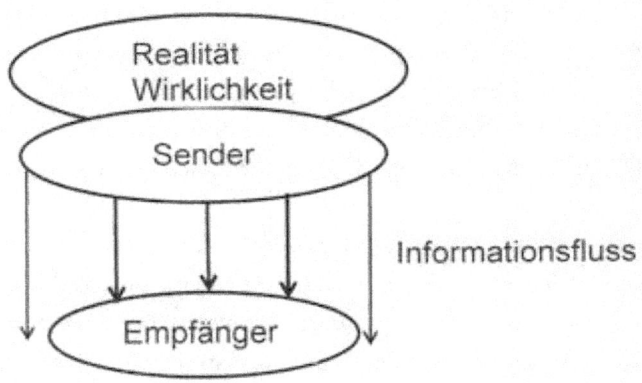

Ist Information und Wirklichkeit dasselbe?

Wer Zeilingers Satz „*Information und Wirklichkeit sind dasselbe*" in seinem Absolutheitsanspruch ablehnt, der muss doch akzeptieren, dass Dinge oder Objekte, über die wir keine Informationen haben, ins Reich der Vermutung oder der Spekulation gehören. Beispiele sind das Multiversum und die Viele-Welten Theorie. Eine Frage bleibt offen: ‚Kann ein Sender mit der Kommunikationstechnik alle Informationen übertragen, die zu einem Objekt gehören?' – Hier könnte man die Newton-Goethe-Debatte neu aufleben lassen. Dinge, insbesondere emergente Systeme und ihre Eigenschaften, sind wohl nur teilweise mit Bits zu beschreiben. Wir können zwar Bilder in Bits übersetzten und dann den Inhalt der Grundfarben rot, gelb und grün übertragen und zu einem Fernsehbild zusammensetzen, dies ist aber nicht die vollständige Information über die Eindrücke, die uns ein Bild vermitteln kann. Sowohl Newtons Lichtinterpretation wie Goethes Entgegnungen enthalten einen wahren Kern.

Was wissen wir nun wirklich? – Alle Theorien über die Realität gehören ins Reich der Vermutungen, auch wenn wir ihnen einen hohen Wahrheitsgehalt zubilligen. So können wir wohl Umberto Ecos Aussage akzeptieren und stehen lassen:

Die Ordnung, die unser Geist sich vorstellt, ist wie ein Netz oder eine Leiter,
die er sich zusammenbastelt, um irgendwo hinaufzugelangen.
Aber wenn er dann hinaufgelangt ist, muss er sie wegwerfen,
denn es zeigt sich, dass sie zwar nützlich, aber unsinnig war.

16

Raum und Zeit – Raumzeit

Im Sauseschritt läuft die Zeit.
(Wilhelm Busch)

<u>Wie viele Dimensionen hat unsere Welt?</u>
Raum und Zeit haben seit jeher sowohl die Physiker als auch die Philosophen beschäftigt. Und bis heute gibt es noch keine endgültige Antwort. Seit Einsteins Allgemeiner Relativitätstheorie beunruhigt die Frage, ob wir in einer dreidimensionalen oder einer vierdimensionalen Welt leben viele Gemüter. Hier möchte ich zuerst eine Geschichte erzählen. Sie geht auf einen Geistlichen namens Edwin A. Abbott zurück und heisst Flachland. Watzlawick beschreibt sie in seinem Buch ‚Wie wirklich ist die Wirklichkeit?' [40]. „*Flachland ist die Erzählung eines Bewohners einer zweidimensionalen Welt; also einer Wirklichkeit, die nur Länge und Breite, aber keine Höhe kennt; einer Welt, die flach wie ein Bogen Papier und von Linien, Dreiecken, Quadraten, Kreisen usw. bevölkert ist. Diese können sich frei auf dieser Oberfläche bewegen. ... Die Idee einher dritten Dimension, der Höhe ist für sie unvorstellbar.*" Die Geschichte geht dann über verschiedene Stufen weiter. Eines Tages erhält ein Bewohner des Flachlandes, ein Quadrat, Besuch von einem Bewohner des Raumlandes. Dieser Besucher, eine Kugel, kann sich in drei Dimensionen bewegen und kann auch durch die Ebene des Flachlandes treten. Das Quadrat sieht aber immer nur einen Kreis, mal einen grösseren, mal einen kleineren. Es ist die Schnittfläche der Kugel mit der Ebene des Flachlandes. Mit viel Mühe kann die Kugel das Quadrat überzeugen, dass es eine dritte Dimension gibt, die den Leuten im Flachland verborgen ist. Nun möchte das Quadrat die übrigen Bewohner des Flachlandes überzeugen, dass es drei Dimensionen gibt. Diese erklären es aber für verrückt – drei Dimensionen kann es nicht geben – und sie sperren das Quadrat in eine Irrenanstalt. Es bleibt die Frage: ‚Wie viele Dimensionen hat wohl unsere Welt?'

Newton und Leibnitz

Isaac Newton (1642 – 1727) und Gottfried Wilhelm Leibniz (1646 – 1716) haben beide unabhängig die Infinitesimalrechnung entwickelt, welche dann für die Weiterentwicklung der Physik von höchster Bedeutung war. Vom Charakter her konnten die beiden nicht unterschiedlicher sein. Newton war sicher einer der grössten Physiker und Wissenschaftler. Daneben wollte er aber auch Karriere machen, war ruppig im Umgangston und in seinen Diskussionen mit Leibniz unfair. Leibniz war wohl einer der letzten Universalgelehrten, der zu vielen Fachgebieten wertvolle Beiträge geleistet hat. Im Innersten war er ein Philosoph. Er machte sich viele Gedanken zur Welt und seine Aussage, dass wir in der *„Besten aller möglichen Welten"* leben zeigt, dass er versuchte, positiv zu denken. Von grosser Bedeutung ist seine Aussage zur Kausalität, die den Status eines Axioms in Ergänzung der Axiome von Aristoteles erhalten hat: *„Alles, was geschieht, hat seinen hinreichenden Grund!"*

Newton und Leibnitz hatten eine grundsätzlich andere Auffassung von Raum und Zeit. Dazu Martin Carrier in [7]: *„Die absolute Interpretation wurde in starkem Masse von Isaac Newton geprägt. Nach ihr bleiben Raum und Zeit gänzlich unbeeinflusst von allen Körpern und Ereignissen in ihnen. Raum und Zeit bilden gleichsam ein festes Behältnis, in dem die Ereignisse ihren Platz haben, das aber ganz unabhängig von diesen Ereignissen besteht. Die relationale Gegenposition geht vor allem auf Gottfried Wilhelm Leibniz und Ernst Mach zurück. Nach ihr sind Raum und Zeit nichts anderes als Beziehungen zwischen Körpern und Ereignissen. .... Massstäbe und Uhren messen unabhängig bestehende räumliche und zeitliche Beziehungen."* Dies bedeutet, dass man zwar den Abstand zwischen Objekten angeben kann, gäbe es aber keine Objekte, so gäbe es auch keinen Raum. Zeit gibt es nur, wenn sich etwas verändert. Würde sich nichts verändern im gesamten Universum, dann gäbe es auch keine Zeit. *„Zeitbeziehungen werden durch die Kausalität gestiftet: Wirkungen sind später als Ursachen."*

Newton wäre nicht Newton gewesen, wenn er nicht beweisen wollte, dass seine Ansicht richtig sei. Dazu dachte er sich das Eimer–Experiment aus. Zuerst hängt man einen Eimer Wasser an einer Schnur auf und verzwirbelt die Schnur. Dann lässt man den Eimer los und dieser fängt an zu drehen. Etwas später dreht sich auch das Wasser und es entsteht eine konkave Wasseroberfläche. Newton interpretierte dieses Phänomen als Relativbewegung des Wassers zum absoluten Raum [Wi]. Ernst Mach (1838 – 1916) fand ein Gegenargument. Man müsste den Einfluss der übrigen Materie im Universum auf das Wasser mitberücksichtigen. Statt einer Rotation zu einem absoluten Raum, wie von Newton behauptet, gäbe es nur eine Rotation in Bezug zu den übrigen Himmelskörpern. Damit war bis zu diesem Zeitpunkt nicht entschieden, ob es einen absoluten Raum gibt.

Newtons Autorität war und ist bei den Physikern sehr gross, sodass man sich gerne seinen Argumenten anschloss, die sich auch mit dem gesunden Menschenverstand vertrugen. Er führte zweimal den Begriff der Masse ein: einmal als träge Masse in seinem Bewegungsgesetz und einmal die schwere Masse bei der Gravitation. Und lange diskutierte man darüber, ob die schwere Masse und die träge Masse gleich seien. An sich ist die von Leibniz und Mach vertretene Ansicht vom philosophischen und vom physikalischen Standpunkt aus befriedigender. Hier braucht man keine Grössen wie den absoluten Raum und die absolute Zeit, welche man nicht messen und beobachten kann.

Nach Newton und Leibniz hat sich auch Immanuel Kant (1724 – 1804) mit der Frage von Raum und Zeit auseinandergesetzt. Kant fragte sich, ob das Universum räumliche und zeitliche Grenzen habe (vgl. C. Beisbart in [7]). *„Kant behauptet nun, dass der Mensch diese Frage nicht beantworten kann und dass er sich beim Versuch, die Frage zu beantworten, notwendig in einen Widerspruch verwickelt. Kants Meinung zufolge ist das Weltganze ein blosser Vernunftbegriff, eine Vernunftidee, die eine Grenze markiert und nicht als Gegenstand aufgefasst werden darf."* Und nach Kant sind Raum und Zeit a priori – Begriffe.

<u>Spezielle Relativitätstheorie</u>
Bis zu Beginn des zwanzigsten Jahrhunderts beherrschte Newtons Vorstellung von Raum und Zeit und die von ihm begründete Mechanik das Denken der Physiker. In ihr hatte auch das Relativitätsprinzip nach Galilei Platz: „Auf

einem mit gleichmässiger Geschwindigkeit fahrenden Schiff gelten die gleichen mechanischen Gesetze wie auf einem ruhenden Objekt.' In der Zwischenzeit hatte Maxwell die Elektrodynamik entwickelt und die passte nicht in das Bild von Galilei und Newton. Zudem wurde experimentell nachgewiesen, dass die Lichtgeschwindigkeit nicht vom Bezugssystem abhängig ist und für alle immer konstant ist. Damit geriet die vorherrschende Ätherhypothese ins schwanken. Hier suchte Einstein eine radikal neue Lösung und er ging davon aus, dass alle physikalischen Gesetze in jedem gleichmässig bewegten Bezugssystem gelten müssten. Das heisst, dass ein Beobachter in einem sich gleichmässig bewegenden System immer den Wert c für die Lichtgeschwindigkeit misst, selbst wenn er sich mit beinahe Lichtgeschwindigkeit bewegen würde. Dabei musste die Vorstellung von einem absoluten Raum und einer absoluten Zeit, wie sie Newton angenommen hatte, aufgegeben werden. Neu gab es nun die Raumzeit. Am Prinzip der Kausalität, wie sie von Leibniz definiert wurde, hat Einstein festgehalten. Er veröffentlichte seine Arbeit zur Speziellen Relativitätstheorie im Jahr 1905.

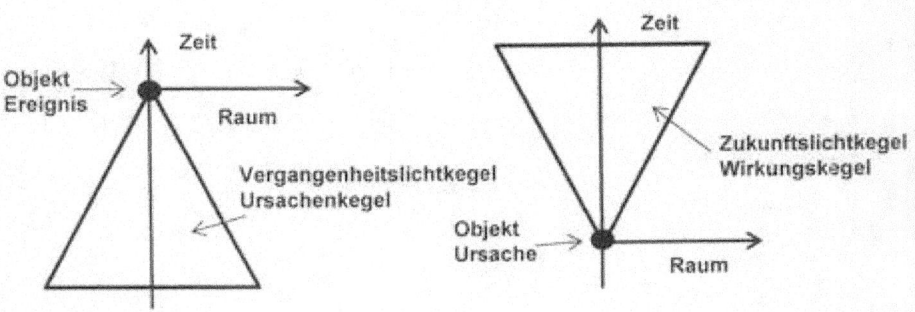

Abb. 23: Kausalität in der Speziellen Relativitätstheorie
Links: Ein Ereignis an einem Objekt (Wirkung) kann nur von Objekten herrühren, die sich innerhalb des Ursachenkegels befinden, da sich die dazu benötigte Energie höchstens mit Lichtgeschwindigkeit zum Objekt gelangen kann.
Rechts: Ein Objekt kann höchstens innerhalb des Wirkungskegels Ursache für ein künftiges Ereignis sein.

Ein spezielles Problem stellt die Gleichzeitigkeit dar. Welche Ereignisse zu einem gegebenen Zustand gleichzeitig stattfinden, beurteilen relativ zueinander bewegte Beobachter unterschiedlich.

34.
DIE RELATIVITÄTSTHEORIE.[1)]

Von

ALBERT EINSTEIN.

Es ist kaum möglich, sich ein selbständiges Urteil über die Berechtigung der Relativitätstheorie zu bilden, wenn man nicht einigermaßen die Erfahrungen und Gedankengänge kennengelernt hat, welche dieser Theorie vorangingen. Diese müssen daher zuerst besprochen werden.

Die Erscheinungen der Interferenz und Beugung des Lichtes zwangen die [Licht-Äther.] Physiker dazu, das Licht als einen wellenartigen Vorgang anzusehen. Bis gegen das Ende des vorigen Jahrhunderts dachte man sich, daß das Licht in mechanischen Schwingungen eines hypothetischen Mediums, des Äthers, bestehe. Da sich das Licht auch im leeren Raume fortpflanzt, ging es nämlich nicht an, jene Wellenvorgänge, die das Licht ausmachen, als Bewegungsvorgänge der ponderabeln Materie anzusehen. Als gegen das Ende des vorigen Jahrhunderts die elektromagnetische Theorie des Lichtes die Oberhand bekam, änderte sich diese Auffassung nur unwesentlich, indem das Licht nicht mehr als eine Bewegung des Äthers, sondern als elektromagnetischer Prozeß im Äther aufgefaßt wurde. Immer hielt man daran fest, daß es neben der ponderabeln Materie noch eine zweite, den Äther, geben müsse, der als Träger des Lichtes aufzufassen sei (vgl. Artikel 26).

Diese Auffassung führte zu der Frage, wie sich dieser Äther in mechanischer [Beteiligt sich der] Beziehung zur Materie verhalte. Insbesondere erhebt sich die Frage: Beteiligt [„Licht-Äther" an] sich der Äther an den Bewegungen der ponderabeln Materie? Diese Frage [den Bewegungen] führte den genialen Physiker Fizeau zu einem Experiment von fundamentaler [der Materie?/Versuch von Fizeau.] Wichtigkeit, das im folgenden kurz schematisch zu besprechen ist.

Ein Lichtstrahl L falle auf einen halb durchlässigen Spiegel S_1 und werde hier in zwei Teilstrahlen zerlegt. Der erste Teilstrahl gelange über a und b nach Reflexion an dem Spiegel s_2 und an dem halb durchlässigen Spiegel S_2 nach E. Der zweite Teilstrahl gelange nach Reflexion an S_1 und s_1 über c und d durch S_2 nach E. Bei E gelangen beide Teilstrahlen zur Interferenz; es entstehen Interferenzfransen, deren Abstände von der Justierung des Apparates abhängen. Die Lage dieser Interferenzfransen hängt ab von der Differenz der Zeiten, welche beide Teilstrahlen zum Durchlaufen ihres Weges brauchen. Ändert sich diese

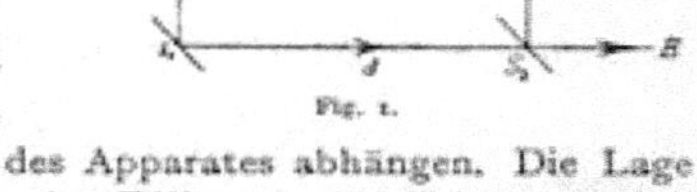

Fig. 1.

[1)] Eine von dem Nachstehenden abweichende Auffassung wird im Artikel 1 dieses

Hauptresultat. Gültigkeitsgrenze der Theorie 713

hat, ist aber eine Beziehung zwischen der trägen Masse physikalischer Systeme und deren Energieinhalt. Ein Körper besitze in einem gewissen Zustande die träge Masse M. Führt man ihm die Energiemenge E auf irgendeine Weise zu, so steigt dadurch seine träge Masse nach der Relativitätstheorie auf $M + \frac{E}{c^2}$, wobei c die Lichtgeschwindigkeit bedeutet. Das bisher festgehaltene Gesetz von der Erhaltung der Masse wird dadurch modifiziert und mit dem Energieprinzip zu einem Gesetz verschmolzen. Es wird durch das Ergebnis nahegelegt, die träge Masse M eines Körpers als einen Energieinhalt von der Größe Mc^2 aufzufassen. Eine direkte experimentelle Bestätigung dieses wichtigen Ergebnisses besitzen wir bis jetzt nicht; wohl aber kennen wir Spezialfälle, für welche die Gültigkeit des „Satzes von der Trägheit der Energie" auch ohne Relativitätstheorie gefolgert werden kann.

Die Entwicklung der Relativitätstheorie wurde sehr gefördert durch H. Minkowskis mathematische Formulierung der Grundlagen. Minkowski ging davon aus, daß in die Grundgleichungen der Relativitätstheorie die „Zeitkoordinate" in genau der gleichen Form eingeht wie die Raumkoordinaten, wenn man an Stelle von t die proportionale imaginäre Größe $\sqrt{-1}\,ct$ einführt. Es werden dadurch die Gleichungen der Relativitätstheorie Gleichungen in einem vierdimensionalen Raume; und zwar unterscheiden sich die formalen Eigenschaften dieses vierdimensionalen Raumes lediglich durch die Dimensionszahl von den formalen Eigenschaften des Raumes der Euklidischen Geometrie.

Minkowskis mathematische Behandlung der Relativitätstheorie.

Endlich noch eine wichtige Frage: Besitzt die Relativitätstheorie unbeschränkte Gültigkeit? Hierüber sind die Ansichten auch der Anhänger der Relativitätstheorie noch geteilt. Die Mehrzahl derselben ist der Meinung, daß die Sätze der Relativitätstheorie — insbesondere deren Auffassung von Zeit und Raum — unbeschränkte Gültigkeit beanspruchen dürfen.

Bemerkung über die mutmaßliche Grenze des Gültigkeitsbereiches der Theorie.

Der Verfasser dieser Zeilen ist aber der Ansicht, daß die Relativitätstheorie noch einer Verallgemeinerung bedarf, in dem Sinne, daß das Prinzip von der Konstanz der Lichtgeschwindigkeit fallen zu lassen ist. Nach dieser Meinung ist jenes Prinzip nur für Gebiete von praktisch konstantem Gravitationspotential aufrecht zu erhalten. Die Zukunft muß lehren, ob diese in der Hauptsache auf erkenntnistheoretische Gründe sich stützende Ansicht sich bewähren wird.

Literatur.

Eine vorzügliche Darstellung des Gegenstandes enthält: Physikalisches über Raum und Zeit von E. Cohn, 2. Aufl. B. G. Teubner. 1913.

Abb. 24: Erste und letzte Seite eines Artikels von Albert Einstein in ‚Kultur der Gegenwart'
Band ‚Physik', erschienen bei Teubner, Leipzig und Berlin 1915[83]

---

[83] Diesen Band hat mir ein befreundeter Physiker geschenkt, als er ins Altersheim musste und keine Bücher mehr mitnehmen konnte.

Bekannt ist das Problem der Zeitdilatation[84]. Rast ein Zug mit beinahe Lichtgeschwindigkeit an einem Bahnhof vorbei, wobei die Zugspassagiere die Bahnhofsuhr beobachten können, dann ticken ihre Armbanduhren schneller als die Bahnhofsuhr. Die Eigenzeit für den Zugspassagier bleibt sich gleich, die beobachtete Zeit an der Bahnhofuhr erfährt für ihn die Zeitdilation. Mit der Länge ist es gerade umgekehrt. Hier gibt es die Längenkontraktion. Von grosser Bedeutung ist die Konsequenz für die Massen. Die Masse ist keine vom Bezugssystem unabhängige feste Eigenschaft eines Objektes, sondern hängt von der Geschwindigkeit des Beobachters ab. Teilchen können auf keine höhere Geschwindigkeit als die Lichtgeschwindigkeit beschleunigt werden. Umgekehrt gehört zu einer Masse in Ruhe die Ruheenergie, wobei sich die berühmte Formel $E = m * c^2$ ergibt. Wenn bei der Kernspaltung die Tochterprodukte zusammen weniger Masse besitzen als der ursprüngliche Kern, dann muss die Strahlung die Differenz als Energie wegführen. Die Spezielle Relativitätstheorie ist experimentell bestens abgestützt. Beim Bau der Beschleuniger, bei denen Teilchen auf beinahe Lichtgeschwindigkeit beschleunigt werden, spielt sie eine wichtige Rolle. Im Alltag merkt man nichts davon, da all unsere Bewegungen klein gegenüber der Lichtgeschwindigkeit sind. Zum Abschluss möchte ich auf einen Artikel von Albert Einstein hinweisen, in welchem er die Spezielle Relativitätstheorie in einfachen Worten erklärt (vgl. Abb. 24). Am Schluss des Artikels kommt er auf die berühmte Formel $M + E/c^2$ zu sprechen und er macht auch einen Verweis, dass die Relativitätstheorie einer Verallgemeinerung bedarf.

<u>Allgemeine Relativitätstheorie in nullter Näherung</u>
1) Einsteins Herausforderung
Man kann sich fragen, ob physikalische oder eher philosophische Probleme Einstein veranlasst haben, die Allgemeine Relativitätstheorie („ART') zu entwickeln. Zu Beginn des zwanzigsten Jahrhunderts konnten die vorliegenden

---

[84] Bei den mathematischen Formeln tritt stets der Term $(1 - v^2/c^2)^{1/2}$ auf. So lange v, die Geschwindigkeit der Vorgänge, klein gegenüber c, der Lichtgeschwindigkeit, ist, treten die relativistischen Effekte nicht messbar in Erscheinung.

Beobachtungen genügend genau mit der Newtonschen Gravitation erklärt werden, und es bestand keine Notwendigkeit, eine neue Theorie zu entwickeln. Einstein war in seinem Denken stark von Mach beeinflusst, der auch Physiker und Philosoph war.

Folgende philosophische Überzeugungen leiteten das Denken Einsteins:
- Kausalität: Alles, was geschieht hat seinen hinreichenden Grund.
- Lokalität: Materie muss einen bestimmten Ort einnehmen.
- Machsches Prinzip: Die Bewegung von Körpern mit träger Masse geschehen nicht zu einem absoluten Raum, sondern relativ zu den anderen Massen des Universums.
- Kosmologisches Prinzip: Es gibt keinen bevorzugten Ort für einen Beobachter des Universums. Es sieht von überall gleich aus[85].

Physikalisch musste Folgendes berücksichtigt werden:
- Kein materielles Teilchen kann sich schneller als mit Lichtgeschwindigkeit c bewegen. c ist eine fundamentale Naturkonstante. Dies gilt auch für die Wechselwirkung der Gravitation.
- Die zu entwickelnde Theorie muss im Grenzfall dasselbe ergeben, wie das Newtonsche Gravitationsgesetz.
- Licht hat auch Eigenschaften eines Teilchens. Dies hat Einstein bei der Erklärung des Photoeffekts benutzt.
- Die Gesetze der Physik haben nicht nur in mit gleichmässiger Geschwindigkeit bewegten Systemen (Inertialsystemen) die gleiche Form, sondern auch in Bezug auf alle Koordinatensysteme (Relativitätsprinzip [Wi]).
- Stakes Äquivalenzprinzip: Ein Beobachter in einem geschlossenen Labor ohne Wechselwirkung mit der Umgebung kann durch kein Experiment feststellen, ob er sich in der Schwerelosigkeit fernab von Massen befindet oder im freien Fall nahe einer Masse [Wi]. Vereinfacht: Prinzip der Äquivalenz von schwerer Masse und träger Masse.

Einstein wollte mit Ausnahme der Thermodynamik die gesamte damals bekannte Physik in sein Gebäude einbauen. Heute darf man annehmen, dass

---

[85] Nicht der Mensch, nicht die Erde und auch nicht die Sonne ist das Zentrum des Universums. Damit fällt das letzte Element einer antropischen Weltsicht.

Kausalität und Lokalität emergente Eigenschaften der Materie sind. Seine Lösung ist deshalb auch eine Lösung für emergente Systeme. Einstein präsentierte 1915 ein mathematisch-geometrisches Modell, das diesen Anforderungen gerecht wurde. Es ist nicht verwunderlich, dass es von der Anschauung her schwer verständlich ist. Die Lösung geht von den Entitäten Materie und Energie aus, welche ein Feld, die Raumzeit erzeugen. Dieses Feld ist vierdimensional und stellt die Beziehungen zwischen den Entitäten dar. Die Raumzeit kann ohne die Entitäten nicht existieren, obwohl ihr Eigenschaften oder Attribute zugeordnet werden können. Dies hat Einstein in einem vereinfachenden Satz wie folgt ausgedrückt: *„Früher hat man geglaubt, wenn alle Dinge aus der Welt verschwinden, so bleiben noch Raum und Zeit übrig; nach der Relativitätstheorie verschwinden aber Zeit und Raum mit den Dingen."*

Ich habe versucht, diese Sicht mit dem Alltag zu vergleichen. Menschen sind Individuen, Entitäten, die mit anderen Menschen in Beziehungen treten müssen. Dies geschieht über die Kommunikation und Watzlawick hat gesagt, ‚man kann nicht Nichtkommunizieren'. Die Beziehung selbst hat eigene Qualitäten; sie kann gut, schlecht oder gar hinterhältig sein, und sie bestimmt, wie sich die einzelnen Menschen nachher verhalten. Ohne Menschen gibt es aber die Beziehung ‚an sich' nicht. Das Gleiche gilt für die Raumzeit, die unabhängig von den Entitäten ‚an sich' nicht existiert. Sie bewirkt, wie sich die Entitäten, die Materie und die Körper bewegen werden. Dabei verändern die Körper die Raumzeit und man sagt gerne, sie verursachen eine Delle im Geflecht der Raumzeit. Singh [35] hat dies wie folgt zusammengefasst: *„Die Form der Raumzeit beeinflusst die Bewegung der Körper und zugleich bestimmen eben diese Körper die Form der Raumzeit. .... John Wheeler, einer der führenden Vertreter der Allgemeinen Relativitätstheorie im zwanzigsten Jahrhundert fasste dies in das Diktum: ‚Die Materie sagt dem Raum, wie er sich krümmen muss; der Raum sagt der Materie, wie sie sich bewegen muss.' ... (statt Raum hätte es Raumzeit heissen müssen)."*

Ich möchte ein zweites Beispiel geben, damit die Idee der Raumzeit nicht allzu fremd erscheint. In der Elektrodynamik werden die Quellen oder Entitäten (Ladungen, Ströme) mit Hilfe der Maxwellschen Gleichungen mit Feldern (elektrisches Feld, magnetisches Feld) verknüpft. Diese Felder können sich wellenartig ausbreiten und an andern Entitäten Wirkungen hervorrufen. Alle kennen das von der Rundfunkübertragung zwischen Sender und Empfänger. Das elektrische und das magnetische Feld existieren nicht ‚an sich' ohne die Entitäten. Trotzdem können über die Felder Energie und Information transportiert werden.

Als fundamentale Erkenntnisse dieser neuen Theorie kann Folgendes gelten:
- Materie, auf die keine Kraft ausgeübt wird, bewegt sich in Raum und Zeit entlang eine Geodäten. Diese ist keine Gerade, da die Raumzeit vierdimensional und gekrümmt ist.
- Die Gravitation ist eine Verzerrung der Raumzeit und wird geometrisch in den vier Dimensionen erklärt; dabei muss keine Kraft postuliert werden.
- Im Grenzfall resultiert das Newtonsche Gravitationsgesetz.

Für unseren normalen Verstand kann man vieles nur durch vereinfachende Bilder erklären. Das nachfolgende Bild findet man in vielen Publikationen. Es erklärt zwar etwas, verführt aber zum falschen Schluss, dass die Raumzeit ‚an sich' existiere und dass man dann in dieses Gitter Sterne wie die Sonne geworfen habe.

Abb. 25: Die Sonne verformt die Raumzeit;
die Erde folgt ihrer Bahn auf einer Geodäte.

2) Modellabhängiger Realismus

Die Allgemeine Relativitätstheorie ART muss zu dem im vorigen Kapitel beschriebenen modellabhängigen Realismus gezählt werden. Hawking hat sich stark mit der Einsteinschen Theorie auseinandergesetzt und selbst dazu wichtige Beiträge geleistet. Seine Aussage soll hier wiederholt werden:

„Ein Modell ist gut, wenn es
1. elegant ist;
2. nur wenige willkürliche oder solche Elemente enthält, die sich gezielt anpassen lassen;
3. mit den vorhandenen Beobachtungen übereinstimmt und sie erklärt;
4. detaillierte Vorhersagen über zukünftige Beobachtungen macht, die das Modell widerlegen oder falsifizieren können, wenn sie sich nicht bewahrheiten."

Die Relativitätstheorie erfüllt diese Kriterien wie die folgenden Beispiele zeigen.

- Rosettenbahn des Merkurs: Der Merkur folgt nicht einer elliptischen Bahn, wie man das gemäss den Keplerschen Gesetze erwarten würde. Er führt eine Rosetten-Bewegung aus, wie das nach der ART erwartet wurde.

- Lichtablenkung durch Sterne wie zum Beispiel die Sonne: Im Gegensatz zur Newtonschen Auffassung ergibt sich aus der ART, dass Licht durch die Gravitation beeinflusst wird. Dieser Nachweis gelang bereits 1919 [35].

- Schwarze Löcher: Die ART sagt voraus, dass Schwarze Löcher existieren können. Die Gravitationswirkung dieser Löcher ist so stark, dass nicht einmal Licht entweichen kann. Mindestens indirekt ist der Nachweis von Schwarzen Löchern gelungen.

- Gravitationswellen: Wie in der Maxwell-Theorie müssten nach der ART auch Energie und Information über Wellen transportiert werden können. Es gibt mehrere Forschungsteams, die diese Wellen nachweisen wollen. Das Problem liegt dabei, dass ein geeigneter Empfänger gebaut werden muss. Dies dürfte ähnlich schwierig sein, wie die Entwicklung von Messvorrichtungen zum Neutrinonachweis. Mit Gravitationswellen und Neutrinoanalysen können neue Erkenntnisse über das Universum erwartet werden.

- Urknallmodell: Die ART lässt verschiedene Modelle für den Kosmos zu. Einstein ging zuerst von einem statischen Universum aus. Die Beobachtungen zeigten aber, dass sich das Universum expandiert. Auch dafür gibt es eine Lösung in der ART [35]. Gemäss dem heute angenommenen Standardmodell der Kosmologie entstand das Universum durch den Urknall; das Universum ist endlich, aber unbegrenzt. Dies wird gerne veranschaulicht durch einen Ballon, der aufgeblasen wird. Die Sterne sind auf der Ballonoberfläche und die Distanz zwischen ihnen nimmt zu, wenn der Ballon aufgeblasen wird.

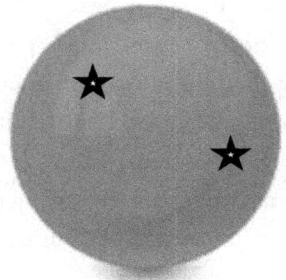

Abb. 26: Sterne auf einer Ballonoberfläche;
Ein dunkler Kerl mit dem Namen ‚Dark Energy' bläst diesen Ballon auf.

3) Die Diskussion der Philosophen

Die Einsteinsche Theorie war und ist ein schwer verdaulicher Brocken für die Philosophen. Im Buch von Esfeld ‚Philosophie der Physik' [7] sind verschiedene Artikel zu diesem Thema zu finden. Allerdings richtet sich die Sprache der Philosophen an andere Philosophen und ist darum nicht leicht verständlich. Hier möchte ich stichwortartig Einiges aus dem Artikel von Martin Carrier zitieren.

- Substanzialismus: Die Anhänger des Substanzialismus nehmen an, dass der Raumzeit eine von der Materie unabhängige Existenz zukommt.

- Relationalismus: Hier wird der Raumzeit keine eigene, von der Materie unabhängige Substanz zugebilligt.
- Mannigfaltigkeits-Substanzialismus: Den Raumzeitpunkten kommt eine von der Materie unabhängige Existenz zu.
- Metrischer Realismus: Danach ist die Metrik ein physikalisches Feld, das eine ebenso reale physikalische Tragweite besitzt und Teil kausaler Beziehungen ist wie das elektromagnetische Feld.
- Eigenschaftsinterpretation: Die Raumzeit hat Eigenschaften wie ‚blau' oder ‚rund', denen keine eigenständige Existenz zukommt.

Ich selbst kann dazu nicht Stellung nehmen, da ich die Feinheiten dieser Sprache nicht verstehe. Ich orientiere mich da besser an technischen Vorstellungen. Will man ein Informationssystem aufbauen, welches auf relationalen Datenbanken basiert, so muss zuerst die Datenarchitektur entworfen werden. Man muss die Entitätsmengen kennen und nachher die Beziehungsmengen identifizieren. Sowohl Entitäts- wie Beziehungsmengen haben Eigenschaften oder Attribute, die ins Datensystem aufgenommen werden. Erst dann erfolgt die Programmerstellung, wobei die Programme auf die Daten zugreifen können.

Zum Schluss soll Carrier zu Wort kommen: *„Diese Übersicht verdeutlicht, dass die Debatte über die Beschaffenheit von Raum und Zeit seit den Tagen Newtons und Leibniz kaum an Brisanz verloren hat. ... Der Beitrag der Philosophie besteht generell weniger in der Überwindung von Zwistigkeiten, sondern eher im besseren Verständnis dessen, was strittig ist und warum es die Meinungen entzweit."*

4) Begrenzungen

Einstein konnte natürlich nur solche Fakten berücksichtigen, die zu der Zeit bekannt waren. So enthält die ART ausser den Lichtquanten keine Ergebnisse der Quantenphysik. Einsteins Theorie befasst sich mit der sichtbaren Materie, die nach heutiger Auffassung lediglich 5% des Universums ausmachen. Von der Dunklen Materie mit 25% und der Dunklen Energie mit 75% hatte er keine Kenntnis. Ob bei Berücksichtigungen dieser gefundenen Fakten die ART das Universum richtig beschreibt, weiss man nicht[86].

Es ist verständlich, dass Einstein die Quantenphysik als unvollständig ansah, da für ihn Kausalität und Lokalität von zentraler Bedeutung waren. Die Vertreter der Quantenfeldtheorie tun sich auch bis heute schwer mit der Allgemeinen Relativitätstheorie. Die Gravitation hat sich bisher einer Quantenbeschreibung erfolgreich widersetzt. Alle dafür entworfenen Modelle führen zu vielen unendlichen Werten, wobei auch der Trick der Renormierung versagt. Dies ist das grosse Ärgernis für die Physiker, die nach der Weltformel suchen. Da mich Laughlin [21] überzeugt hat, dass die ART sich auf ein emergentes System bezieht, bin ich nicht erstaunt, dass dies nicht gelungen ist. Emergente Eigenschaften können nicht aus den Eigenschaften der Agenten erklärt werden; umgekehrt kann aus den emergenten Eigenschaften kein Schluss auf die Eigenschaften der darunter liegenden Agenten gezogen werden. Nun halten sich die Physiker an einem Strohhalm. Kombiniert man die Lichtgeschwindigkeit, das Planksche Wirkungsquantum und die Gravitationskonstante, so kann man Grössen wie Länge, Masse und Zeit berechnen. Man nennt diese Grössen dann Planck-Länge, Planck-Masse, Planck-Zeit (siehe Anhang). Ob diese Grössen physikalisch einen Sinn machen, muss bezweifelt werden.

Die heutigen kosmologischen Modelle basieren weitgehend auf der ART. Aber plötzlich hat die Zeit wieder eine besondere Stellung, die fast an Newton erinnert. Die Zeit begann demnach mit dem Urknall zu laufen und der fand vor rund 14 Milliarden Jahren statt und die Modelle wollen wissen, was in den nächsten Sekunden und Minuten alles geschah. Eine Tatsache scheint zu sein, dass das Universum eine heisse Phase durchlaufen und sich mit der Expansion abgekühlt hat. In den Einstein-Gleichungen kommen die Konstanten G (Gravitationskonstante), c (Lichtgeschwindigkeit) und Λ (Kosmologische Konstante) vor. G wurde so gewählt, dass im Grenzfall das Newtonsche

---

[86] Interessanterweise werden Dunkle Energie und Dunkle Materie im Standardmodell der Elementarteilchen weitgehend ausgeklammert. Dabei müsste man annehmen, dass beide schon kurz nach dem Urknall eine wichtige Rolle gespielt haben.

Gravitationsgesetz herauskommt. G könnte aber auch von der Temperatur abhängig sein; während der heissen Phase hätte G dann einen höheren oder kleineren Wert als heute. Damit wäre G mit der Expansion auch zeitabhängig. Ich möchte die Kosmologen ermuntern, einmal solche Szenarien durchzudenken.

Zurück ins Raumland

Wie viele Dimensionen hat unsere Welt? Seit Einsteins Allgemeiner Relativitätstheorie beunruhigt die Frage, ob wir in einer dreidimensionalen oder einer vierdimensionalen Welt leben. Ich habe deshalb am Anfang die Geschichte von den Bewohnern des Flachlands erzählt. Wir Menschen, die wir auf der Erdoberfläche leben, bewegen uns in einer dreidimensionalen Welt: Länge, Breite und Höhe. Dies ist das Raumland. Unser gesunder Menschenverstand ist auf dieses Raumland ausgerichtet; in ihm müssen wir uns zu recht finden und orientieren. Wir können trotzdem staunen, dass wir mit unserem Geist zu Welten vorgestossen sind, die vier Dimensionen haben. Wir sind in der gleichen Lage, wie die Leute im Flachland, welche Besuch von Bewohnern des Raumlandes erhalten haben. Ein Unterschied bleibt: Die materiellen Dinge oder Entitäten haben drei Dimensionen, die Beziehungen zwischen diesen Entitäten vier. Es ist unzulässig, wenn wir aus unserer täglichen Erfahrung den Schluss ziehen, dass das ganze Universum nur drei Dimensionen haben kann. Auch die Annahme eines vierdimensionalen Universums ist unzulässig, da es sich dabei um Beziehungen handelt, welche keine eigenständige Existenz haben. Eigentlich sollte uns das nicht verwundern. Unsere zwischenmenschlichen Beziehungen haben weit mehr als vier Dimensionen und niemand kann genau verstehen, was bei diesen Beziehungen alles geschieht. Und das ist gut so.

In unserer Welt bauen wir Häuser in drei Dimensionen. Die Ingenieure und Techniker vertrauen Raum und Zeit, wie wir sie von Newton her kennen. In der Welt der Technik spielt die Allgemeine Relativitätstheorie keine Rolle. Auch die Quantenfeldtheorie spielt keine Rolle und es kann uns Wurst sein, ob es ein Higgs-Teilchen gibt oder nicht. Die bildhafte Quantentheorie und die Spezielle Relativitätstheorie haben die Welt verändert und sie greifen in unser Leben ein. Wir leben heute mit Computern, Handys und mit vielen elektronischen Steuerungsmitteln, die es ohne die Erkenntnisse der Quantenmechanik nicht gäbe. Wir benutzen Navigationssysteme nicht nur auf Schiffen, sondern auch im Auto. Und da müssen Effekte der Speziellen Relativitätstheorie berücksichtigt werden.

Im Alltag könnten wir eigentlich die Kosmologie vergessen. Doch der Anblick des Sternenhimmels ist seit jeher verführerisch. Auch heute befassen sich noch viel mehr Leute mit Astrologie als mit Einsteins Allgemeiner Relativitätstheorie. Obwohl Astrologie vom physikalischen Standpunkt aus absoluter Humbug ist, möchten die Menschen eine Orientierung erhalten und einen Blick in die Zukunft tun. Wir Menschen tun uns schwer mit unserem Leben, da wir um unsere Endlichkeit wissen. Wir müssen uns mit unserer Lebenszeit auseinandersetzen, die letztlich für uns entscheidender ist als jede abstrakte Aussage zur Zeit. Wir können unsere Zeit gestalten durch Arbeit, durch Beziehungen zu anderen und durch Zeitvertreib. Zeitvertreib ist das, was die Menschen vor allem tun beim Warten auf den grossen Weihnachtsmann oder auf Godot. Je älter wir werden, desto schneller rennt die Zeit. In der Grundschule dauerte ein Schuljahr lang, sehr lang. Wenn ich heute mit 76 Jahren dies Zeilen schreibe, ist ein Jahr im Flug vorbei. So komme ich zurück zu Wilhelm Busch, der Wichtiges zur Zeit gesagt und dazu ein eindrückliches Bild gezeichnet hat.

Eins, zwei, drei! Im Sauseschritt
Läuft die Zeit; wir laufen mit.

17

Das menschliche Hirn als emergentes System

**Ungeheuer ist viel,
und nichts ungeheurer als der Mensch
(Sophokles: Antigone)**

<u>Die Newton-Goethe-Debatte</u>
Heutige Schätzungen gehen davon aus, dass das menschliche Gehirn etwa 100 Milliarden Nervenzellen (Neuronen) besitzt, die durch etwa 100 Billionen Synapsen miteinander verbunden sind [Wi]. Das Gehirn steuert und koordiniert die Aktivität der Organe im Körper, verarbeitet Sinneseindrücke und integriert komplexe Informationen. Das Gehirn hat damit emergente Eigenschaften, die mehr sind als die Summe der Neuronen und ein Neuron ist mehr als die Summe der Moleküle oder Atome. Das Gehirn ist ein emergentes System, und es kann Informationen von anderen emergenten Systemen wahrnehmen und verarbeiten. Dies führt zum Kern der Newton-Goethe-Debatte, die im vorherigen Abschnitt angesprochen wurde. Scheibe zitiert dazu einige Physiker [33]:

„Wenn hier vom Naturbild der Physik gesprochen wird, so bedeutet dies das Eingehen auf eine folgenschwere Beschränkung der Blickrichtung, die Ausschliessung der lebendigen Natur (F. Hund)"

„Dieser Verzicht auf Lebendigkeit und Unmittelbarkeit, der die Voraussetzung war für die Fortschritte der Naturwissenschaft seit Newton, bildet auch den eigentlichen Grund für den erbitterten Kampf, den Goethe gegen die physikalische Optik in seiner Farbenlehre geführt hat. Es wäre oberflächlich, diesen Kampf als unwichtig zu vergessen (W. Heisenberg)":

„Unhörbare Töne, unsichtbares Licht, unfühlbare Wärme: Das ist die Welt der Physik, kalt und tot für den, der die lebendige Natur empfinden will. Goethe hat diese starre Welt verabscheut; seine grimmige Polemik gegen Newton, in dem er die Verkörperung einer feindlichen Naturauffassung sah, beweist, dass es sich hier um mehr handelt als um einen sachlichen Streit zweier Forscher über Einzelfragen der Farbenlehre. Goethe ist der Repräsentant einer Weltauffassung, nach der die Bedeutung des Ichs ziemlich am entgegengesetzten Ende steht wie das Weltbild der exakten Naturwissenschaften (M. Born)"

Newton wollte erklären, was Licht ist und er analysierte die Quellen des Lichts, Goethe wollte erklären, was Licht bewirkt und damit aussagt; er ging von den Objekten aus, auf die das Licht fällt. Und diese Objekte sind die emergenten Systeme, wie sie in der Natur vorkommen.

Wie ist es, ein Flughund zu sein?

Diese Frage diskutierte Richard D. Precht mit seinem Sohn Oskar [26]. Wie sieht wohl die Welt aus, wenn man mit den Füssen nach oben an einem Ast hängt? Flughunde müssen sich ernähren und in der Aussenwelt auf Nahrungssuche gehen. Diese Aussenwelt ist für sie real. Auch die Grundbedürfnisse, die wir Menschen zum Überleben brauchen, finden wir in der realen Aussenwelt. Menschen sind zudem soziale Wesen, die mit anderen Menschen in Kontakt treten und sich verständigen müssen, damit sie überleben können.[87] Dabei nehmen wir – wie die Flughunde – nur einen Ausschnitt von der Umwelt wahr. Das Hirn ist ein Meister in der Filterung von Informationen und nur Weniges wird dann echt weiterverarbeitet. *„Manchmal glauben wir Menschen, dass wir alles wüssten und unendlich viel schlauer sind als die Tiere. Aber so perfekt, wie wir glauben, sind wir überhaupt nicht...... Jedes Tier denkt so, wie sein Gehirn es ihm erlaubt. Wer gut riechen kann, für den sind Gerüche wichtig, und wer gut sehen kann, der begreift seine Welt mit den Augen. Es gibt ‚Menschendinge' und es gibt ‚Flughunddinge'. Was andere Lebewesen fühlen und denken, können wir nur ahnen, aber nicht wissen [26]."*

---

[87] Für den gesunden Menschenverstand mag das trivial tönen. Im vorherigen Abschnitt haben wir aber verschiedene Ansichten zur Realität der Aussenwelt beschrieben.

Hirnforschung und Philosophie

Die Hirnforschung als Teil der Neurowissenschaften untersucht den Aufbau und die Leistungen des menschlichen Gehirns. Die moderne Hirnforschung benutzt vor allem Geräte und Messinstrumente, die Ingenieur-Physiker entwickelt haben. Mit der Elektroenzephalografie (EEG) kann man die Aktivität der Hirnzellen messen und Rückschlüsse über die Informationsverarbeitung gewinnen. Weiter kommen Computertomografie und Magnetresonanztomografie zum Einsatz. Eine neuere Methode, die Aufschluss über die Hirnaktivitäten gibt, ist die Positronen-Emissions-Tomografie. Die Mediziner suchen dabei nach Ursachen und Heilungsmöglichkeiten von Nervenkrankheiten wie Parkinson, Alzheimer oder Demenz.

Die Resultate der Hirnforschung verführen dazu, allzu viel von der Grundlagenforschung zu erwarten. So schreibt Precht [25] im Vorwort zu seinem Bestseller ‚Wer bin ich und wenn ja, wie viele': *„Die Frage nach dem, was man über sich selbst wissen kann, die klassische Frage der Erkenntnistheorie also, ist heute nur noch sehr bedingt eine philosophische. Weitreichend ist sie vor allem ein Thema der Hirnforschung, die uns die Grundlagen unseres Erkenntnisapparates und seiner Erkenntnismöglichkeiten erklärt. Die Philosophie erhält hier eher die Rolle eines Beraters, der der Hirnforschung hilft, sich selbst in einem oder anderen Fall besser zu verstehen."*

Die in seinem Buch behandelten philosophischen Fragen wie zum Beispiel
- *Ist eine objektive Erkenntnis der Welt möglich oder ist die Logik artbezogen?*
- *Wie funktioniert das Gehirn?*
- *Gibt es den Dualismus ‚Geist – Körper'?*
- *Können Gefühle und Denken voneinander getrennt werden?*
- *Wie steuert uns das Unbewusste?*
- *Was ist das Gedächtnis?*
- *Was ist Sprache?*

können aber nicht allein aufgrund der Erkenntnisse der Hirnforschung erklärt werden. Das Gehirn hat emergente Eigenschaften und Fähigkeiten, die mehr sind als die Summe der Neuronen und ein Neuron ist mehr als die Summe der Moleküle oder Atome.

Nehmen wir zum Beispiel die Sprache. Aus der Hirnforschung weiss man, wo das Sprachzentrum seinen Sitz hat. Bei einem Schlaganfall kommt es häufig vor, dass das Sprachzentrum betroffen ist und dass diese Patienten nicht mehr sprechen können. Haben diese Leute keine Sprache, keine Begriffe mehr oder ist nur das Zentrum, welches die Lautgebung in Mund und Rachen steuert, ausser Betrieb? Nehmen wir den berühmten Physiker Stephen Hawking, der seit Jahren an der ALS-Krankheit leidet, wodurch ihm das Sprechen unmöglich wurde. Er teilt sich in der Zwischenzeit mit einem Sprachcomputer mit, und er hat viele wichtige Beiträge insbesondere zur Kosmologie geleistet. Sprache ist also nicht nur das, was wir aussprechen – oder schreiben – können. Und Sprache ist nicht nur ein Bitstrom, mit dem man Informationen übertragen und speichern kann. Precht [25] greift bei der Frage ‚was ist Sprache?' auf Wittgenstein zurück. Dieser setzte die Sprache in den Mittelpunkt der Philosophie. Dabei sind Gedanken und Begriffe von den Mitteln der Sprache abhängig. Mit der Sprache soll die Realität abgebildet werden: *„Die Substantive (‚Namen') entsprechen den ‚Dingen' der Welt. Und ihre Bedeutung erhalten sie durch ihr Zusammenstehen im Satz. Stimmen Namen und Satzbau mit den Dingen und der Anordnung der Dinge in der Realität überein, so ist ein Satz ‚wahr'."*

Wittgenstein versuchte Sprache und Logik zu koppeln, etwas, was nur die Mathematik kann. Allerdings kann die Mathematik vieles nicht ausdrücken, was in der menschlichen Kommunikation von grösster Wichtigkeit ist: Menschliche Kommunikation passiert immer auf zwei Ebenen: der Sachebene und der Beziehungsebene. Und es gibt keine Einwegkommunikation. Jede Kommunikation erhält eine Antwort, auch wenn diese nichtverbal sein kann. Gerne wird dabei Watzlawick zitiert: *„Man kann nicht Nichtkommunizieren!"*

Wie wirklich ist die Wirklichkeit?
Dies ist der Titel eines Buchs von Watzlawick [40]. Doch was bedeutet das? – Der wissenschaftliche Realismus, den wir von Planck her kennen, ist die Basis der Naturwissenschaften. Danach können wir durch Messungen und Beobachtungen (innerhalb einer Fehlergrenze) einen Ausschnitt aus der Realität erkennen. Die Lebewesen nehmen für die Nahrungssuche und das Überleben

einen anderen Ausschnitt aus der Wirklichkeit wahr. Wir sehen aber immer nur Ausschnitte, nie das Ganze. Watzlawick bezeichnet dies als Wirklichkeit erster Ordnung. Daneben gibt es die Wirklichkeit zweiter Ordnung: *„Die Wirklichkeit zweiter Ordnung beruht ausschliesslich auf der Zuschreibung von Sinn und Wert an den Dingen, die wir wahrnehmen. Diese sogenannte Wirklichkeit ist das Ergebnis von Kommunikation."*[88]

Aus der zwischenmenschlichen Kommunikation, der Rhetorik und Werbung weiss man, dass die Botschaft im Gehirn des Empfängers entstehen muss. Der Sender (Gegenstand, Mitmensch) sendet wesentlich mehr an Information aus, als der Empfänger verarbeiten kann. Dieser sieht somit nur einen Ausschnitt aus der Wirklichkeit. Auch von uns selbst haben wir nie ein vollständiges Bild; es gibt einen blinden Fleck und Verborgenes, Unbekanntes. Bei der Verarbeitung der Information wird der Mensch versuchen, die empfangenen Signale in sein ‚Weltbild' einzubauen. Mit den ererbten Grundanschauungen (Raum, Zeit usw.) baut jeder Mensch ab Geburt sein Weltmodell zusammen. Dabei überprüft er mit jedem Informationsaustausch, ob sein Modell der Wirklichkeit entspricht. Erfahrungen machen und lernen ist gleich bedeutend mit dem Ausbau des persönlichen Modells. Dabei sehen verschiedene Menschen andere Aspekte der gleichen Wirklichkeit. Ein Arzt sieht etwas anderes als ein Künstler oder Ingenieur, und ein Wissenschaftler hat andere Erfahrungen und entwickelt andere Werk- und Denkzeuge. Unser eigenes Modell entspricht nie vollständig der Wirklichkeit, vieles bleibt im Verborgenen.

---

[88] *„Zum Beispiel: Die Wirklichkeit erster Ordnung des Goldes, das heisst seine physischen Eigenschaften, ist vollkommen bekannt und jederzeit verifizierbar. Die Bedeutung aber, die das Gold aber seit Urzeiten im menschlichen Leben spielt, vor allem die Tatsache, dass ihm ... ein bestimmter Wert zugeschrieben wird, ...,welche unsere Wirklichkeit weitgehend bestimmt, hat mit seinen physischen Eigenschaften sehr wenig zu tun [40]."*

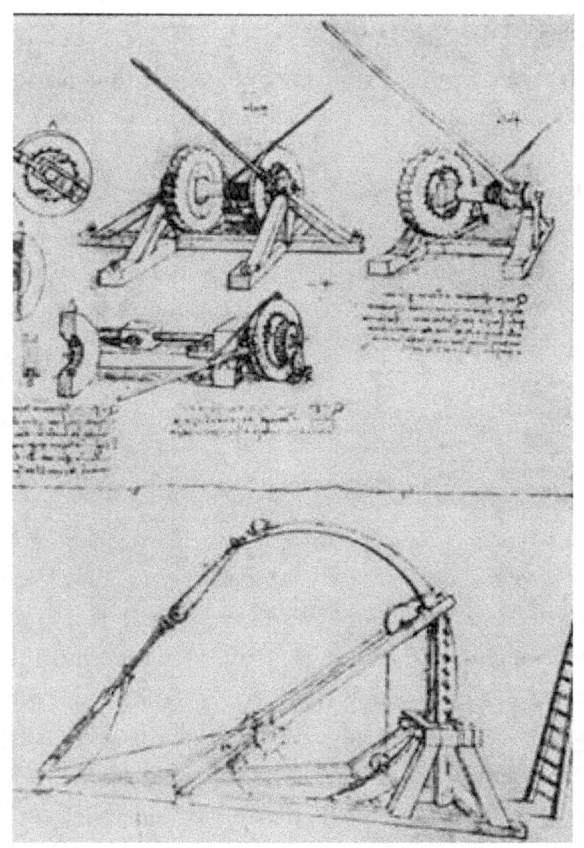

Leonardo da Vinci (1452 – 1519) *entspricht dem Ideal des universellen Menschen. Er war ebenso in den Naturwissenschaften wie in Kunst und Philosophie bewandert und aktiv. Er sah die Welt nicht nur als Maler. Als Ingenieur entwarf er zum Beispiel verschiedene Katapulte, mit denen Metallkugeln abgeschossen werden konnten. Damit wurden Fragen der Ballistik wichtig, wollte man eine optimale Wirkung erzielen. Weder die Auffassungen von Aristoteles noch die Impetustheorie konnten befriedigende Antworten geben. Erst als Galileo Galilei die Fallgesetze in mathematischer Sprache fassen konnte, war es möglich, die Flugbahn der Geschosse zu berechnen.*

Ordnung und Sinn

Wahrscheinlich sind die Eindrücke, die wir Menschen durch die vielen Informationen von unserer Umwelt erfahren, beängstigen und chaotisch. Um damit umgehen zu können, müssen wir versuchen, sie zu ordnen. Unser durch Erziehung und Erfahrung erworbenes Weltbild bringt Ordnung in das Durcheinander. Wir lernen als Kleinkinder spielend Gegenstände nach Form oder Farbe zu ordnen. Das Finden von Ordnungen nennen wir dann ‚Intelligenz'. Wenn später der IQ in einem Intelligenztest gemessen wird, dann geht es vor allem darum, Ordnungen zu finden[89]. Um zum Thema dieses Buches zurückzufinden, wage ich die Aussage:

„Das Suchen nach Ordnung ist der Anfang der Wissenschaft!"

Durch mathematische Methoden versucht man zum Beispiel ein Modell aufzustellen, das die physikalische Realität möglichst genau abbildet und womit sich Voraussagen machen lassen. Modelle sind zuerst Vermutungen und Theorien, und sie sind nach Popper solange zweckmässig oder gut, als sie nicht falsifiziert wurden. Als wissenschaftliche Realisten nehmen wir an, dass es diese Ordnung in der realen Welt tatsächlich gibt. Wir haben dazu schlagende Beweise: Das Periodensystem der Elemente ist ein Ordnungssystem in der Natur. Die Klassifizierung von Pflanzen und Tieren nach Kategorien bringt eine klare und objektive Ordnung in die Vielgestalt der Erscheinungsformen. Planck hat ‚objektiv' recht gegenüber Mach, für den das alles ‚Denkökonomie' ist. Auch für das Paar- und Gruppenverhalten wurden Modelle wie zum Beispiel die Transaktionsanalyse für die Kommunikation [15] entwickelt, die zumindest das Verständnis für die Vorgänge im zwischenmenschlichen Bereich fördern. Menschen können die Realität, die Umwelt nicht nur ausschnittsweise erkennen, sie können die Umwelt gestalten und verändern. Ihre Technik ermöglicht es ihnen, Häuser, Strassen und Computer zu bauen, wodurch neue Realitäten geschaffen werden. Damit wird unter anderem auch die Basis für neue wissenschaftliche Erkenntnisse vorbereitet [31]. Und mit der

---

[89] Eine dieser Aufgaben ist eine Zahlenfolge: 3, 7, 11, 15,.. wobei der Kandidat die nächste Zahl (19) herausfinden sollte.

Erfindung des Geldes haben sie eine fiktive Welt geschaffen, die aber die Realität im Alltag überall beeinflusst.

Doch den meisten Menschen ist das nicht genug. Sie wollen Erklärungen, warum alles so ist, wie sie es erleben. Und da auch Physiker Menschen sind, suchen sie nach der Weltformel. Anstatt sich um das WIE zu kümmern, fragen sie nach dem WARUM und werden so zu Philosophen. Auch sie möchten ein Weltbild, das alles erklärt. Offensichtlich suchen wir alle nach einem Sinn, nach einer Erklärung. Wir alle wissen, dass wir sterben werden. Hat das Leben dann einen Sinn? – Nochmals Precht [27]: *„Die Frage nach dem Sinn ist eine Frage unter speziellen, allein menschlichen Vorzeichen. Und sie ist, wie jede menschliche Erkenntnis, abhängig von persönlichen Erfahrungen. Deshalb finden wir eben auch nur unseren <u>eigenen</u> Lebenssinn. Aber warum reden wir dabei so gerne von <u>dem</u> Sinn des Lebens? Und warum sollte das Leben nur diesen einen Sinn haben? Auch das Bedürfnis nach dem einen und einzigen ist sehr menschlich."* Dieses sehr menschliche Bedürfnis dient zur Gruppenbildung, wenn man ähnlich denkende Menschen findet. Es dient zur Entstehung von Religionen und Kulturen. Damit entwickeln sich Regeln zum ethischen Verhalten und es entstehen Rituale, die den Gruppenzusammenhang verstärken. Nebst diesen positiven Entwicklungen gibt es auch sehr negative. Gruppen, die von ihrer Weltsicht (oder Religion) überzeugt sind, wollen diese Überzeugung auch anderen Menschen beibringen. Sie wollen aber nicht nur missionieren, sie wollen in vielen Fällen ihre Weltsicht mit Gewalt durchsetzen. Die meisten Kriege haben ihre Wurzeln in religiösen oder weltanschaulichen Überzeugungen.

Man kann nur staunen über die Leistungen der Menschen, die von ihrem Hirn gesteuert werden. Und so soll dieser Abschnitt mit einer modernisierten Form aus Sophokles Antigone abgeschlossen werden. Sie stammt aus dem Chor der Alten, zu denen ich mich gerne zugesellen möchte.

*Ungeheuer ist viel, und nichts
Ungeheurer als der Mensch.*

*Der nämlich, über das graue Meer
Im stürmenden Süd fährt er dahin,
Unter rings umrauschenden Wogen.*

*Die Erde auch schöpft er aus
Und ringt, die Pflugschar pressend,
Jahr um Jahr um höh're Erträge.*

*Und so, begabt mit Kunst und Wissen,
Verändert er das Antlitz der Erde
Durch Tempel, Häuser und Brücken.*

*Die Rede auch und die Gedanken,
Lässt er jagen über den Erdball
Im alles umspannenden World Wide Web.*

*Nur dem Tod zu entrinnen,
ist ihm versagt,
so will es die Gottheit.*

Epilog

Wissenschaftler sind stets auf der Suche. ‚Das Suchen nach Ordnung ist der Anfang der Wissenschaft', so lautete unser Motto. Doch was hat man bisher gefunden? – Was wissen wir? – Wir kennen verschiedene Ordnungsprinzipien sowohl bei Denkschemata als auch in der Natur. Der Untertitel dieses Buches beinhaltet auch so ein Schema: Wissen – Vermutung – Spekulation.

<u>Wissen</u>
Was wir wissen können, ist zuerst eine philosophische Frage, und schon Sokrates gab darauf seine Antwort: *„Ich weiss, dass ich nicht(s) weiss!"* Da ich aber – trotz einiger philosophischer Bemerkungen – kein Buch über Philosophie schreiben wollte, will ich im Folgenden nicht so streng sein. Dabei soll auch Erfahrungswissen akzeptiert werden. Und eins wissen wir todsicher, dass wir alle sterben werden!

Erfahrungswissen kommt zuerst aus der Erfahrungs- oder Alltagswelt. Dabei steht das Sammeln von Fakten im Zentrum, die dann nach einem Ordnungsprinzip katalogisiert werden. Beispiele sind die von Carl von Linné aufgebauten Werke zur Klassifizierung von Pflanzen und Tieren. Solche Systeme sind offen; es können neu entdeckte Pflanzen- und Tierarten hinzugefügt werden. Auch das zugrunde liegende Ordnungsprinzip ist nicht zwingend. Diese Art von Systemen liefern keine Erklärungen, warum etwas so ist. Einzig Erfahrungswissen wird systematisch gesammelt.

Auch die Chemie ist zuerst einmal Erfahrungswissen. Man sammelt die physikalischen Eigenschaften aller Elemente und dann der bekannten anorganischen Verbindungen. Man weiss, welche Stoffe miteinander reagieren. Dieses Vorgehen kann man auch bei den organischen Verbindungen fortsetzen. Allerdings weicht man dann zur Erklärung gerne auf Modelle aus, und Modelle gehören zum Bereich ‚Vermutung'.

Noch eingeschränkter ist das Gebiet der Physik. Wenn Laughlin [21] sagt: *„An eine allgemeine physikalische Gesetzmässigkeit glauben wir nicht deswegen, weil sie wahr sein sollte, sondern weil höchst präzise Experimente uns keine andere Wahl gelassen haben!"*, dann beschreibt er das Dilemma der Physik. Im Kern wissen wir nur die Resultate von genau definierten Experimenten, die immer in einem genau definierten, isolierten Kontext durchgeführt und beliebig wiederholt werden können. Die Werte der fundamentalen Konstanten (siehe Anhang) sind das Resultat solcher präziser Experimente. Jede Interpretation oder Extrapolation der experimentell gefundenen Beziehungen zwischen physikalischen Grössen verlässt aber das sichere Gebiet des Wissens. Teil des Erfahrungswissens in der Physik findet man zusätzlich bei den Hauptsätzen der Thermodynamik (Energiesatz, Entropiesatz), ebenso bei der Heisenbergschen Unbestimmtheitsrelation.

Eine wichtige Erfahrung, die man bei komplexen Systemen macht, ist die, dass die Zukunft nicht prognostizierbar ist. Alle bisherigen Versuche mit physikalischen Überlegungen die Zukunft vorherzusagen, sind gescheitert; weitere Versuche, an denen es nicht fehlen wird, gehören in den Bereich der Spekulation.

Vermutung

Das Gebiet der Vermutung ist breit und die Grenze zur Spekulation ist unscharf. Im Rahmen der Wissenschaft gilt: Jedes Modell – sei es ein mathematisches Modell, ein Computermodell oder sonst ein Modell – ist eine Vermutung. Das Modell ist nicht die Wirklichkeit, auch wenn es noch so hilfreich sein kann um gewisse Zusammenhänge aufzuzeigen.

Es gibt mathematische Modelle, die auf ihrem Gebiet ‚mit an Sicherheit grenzender Wahrscheinlichkeit' Erklärungen liefern und Berechnungen erlauben, die dann auch technisch anwendbar sind. Dazu gehören zuerst die Theorien der klassischen Physik: Newtonsche Mechanik, Maxwells Elektrodynamik und die Thermodynamik. Gerade die Mechanik nach Newton hat aber ihre Grenzen in Einsteins Allgemeiner Relativitätstheorie gefunden. Solche Theorien sind mächtige Hilfsmittel oder Leitern. Dies erinnert an den Schlüsselsatz aus Ecos Buch ‚Der Name der Rose': *„Die Ordnung, die unser Geist sich vorstellt, ist wie ein Netz oder eine Leiter, die er sich zusammenbastelt, um irgendwo hinaufzugelangen. Aber wenn er dann hinaufgelangt ist, muss er sie wegwerfen, denn es zeigt sich, dass sie zwar nützlich, aber unsinnig war."* Einen ähnlichen Wert hat die Quantenphysik mit der Schrödinger-Gleichung. Hier begegnet man aber einer immensen Schwierigkeit: Wie muss die Quantenphysik interpretiert werden? – Meistens hält man sich an die Kopenhagener Deutung von Bohr, Heisenberg, Pauli und Dirac. Aber auch andere Deutungen wie die Bohmsche Mechanik [18] und die Viele-Welten Theorie [42] sind nicht vom Tisch.

Die theoretische Physik beschreibt Modelle die – gemäss Popper – verifiziert oder noch nicht falsifiziert sind. Allerdings können sie auch zu einer eingeengten Sicht führen. Dies passierte sogar Einstein, als er forderte [16]: *„Erst die Theorie entscheidet darüber, was man beobachten kann!"* Damit stellt er das Modell über die Natur, die es unvoreingenommen zu beobachten gilt. Es kommt dann zu sich selbsterfüllenden Prophezeiungen: Man muss das Higgs-Teilchen finden; wozu hätte man sonst einen so teuren Beschleuniger gebaut? Man sucht dann nur dort, wo man das Higgs-Boson vermutet und nicht auch bei anderen Energien, die höchstens das ganze schöne Standardmodell der Elementarteilchen durcheinander bringen könnten. Hier kommt mir Watzlawicks Geschichte mit dem verlorenen Schlüssel in den Sinn: *„Unter der Strassenlaterne steht ein Betrunkener und sucht und sucht. Ein Polizist kommt daher und fragt ihn, was er verloren habe, und der Mann antwortet: ‚Meinen Schlüssel.' Nun suchen beide. Schliesslich will der Polizist wissen, ob der Mann sicher ist, den Schlüssel gerade hier verloren zu haben, und jener antwortet: ‚Nein, nicht hier, sondern dort hinten – aber dort ist es viel zu finster.' [39]"*

Eine etwas schwächere Vermutung als die Modelle der theoretischen Physik sind Computer-Modellierungen von physikalischen oder chemischen Prozessen. Natürlich sind die Vorgänge in der Natur meist komplizierter – trotzdem gibt es oft gute Analogieschlüsse, die zu neuen Erkenntnissen führen. Immerhin ging der Chemie-Nobelpreis 2013 an die Forscher Karplus, Levitt und

Warshel, und die Akademie begründete ihre Entscheidung: ‚*Computermodelle, die das reale Leben widerspiegeln, sind entscheidend für die meisten Fortschritte, die heute in der Chemie gemacht werden.*'

In diesem Buch wurde verschiedentlich darauf hingewiesen, dass man experimentelle Resultate, die man unter bestimmten Bedingungen gefunden hat, nicht auf andere Umgebungen übertragen darf. Es ist höchstens eine Vermutung, dass Resultate, die man mit den grossen Beschleunigern bei hohen Energien gefunden hat, auch in einer natürlichen Umgebung wahr sind. Was wir von den verschiedenen Bosonen annehmen, ist also höchstens in der nullten Näherung so.

Auf Vermutungen angewiesen ist man immer, wenn man aufgrund eines Sachverhalts auf Ursachen zurück schliessen möchte. Was war die Ursache eines Flugzeugabsturzes? – Was ist die Ursache für eine bestimmte Erkrankung? – Das Leben besteht aus vielen Vermutungen, mit denen man zurecht kommen muss.

Spekulation
Ins Gebiet der Spekulation gehören alle die Theorien, die weder durch Beobachtungen noch durch Experimente auf ihren Wahrheitsgehalt überprüft werden können. Dazu gehört die String-Theorie, die M-Theorie mit den verschiedenen möglichen Universen und die vielen Science-Fiction Vorstellungen, die sich auf die Allgemeine Relativitätstheorie berufen. Beispiele sind Wurmlöcher, Zeitreisen und Ähnliches. Zur Spekulation gehören auch alle Vorstellungen, wie sich das Universum in der Frühphase zwischen Urknall und Hintergrundstrahlung entwickelt hat. Leider werden solche Vorstellungen heute als physikalisch erwiesene Tatsachen verkauft und mit Computersimulationen dem staunenden Publikum schmackhaft gemacht. Dies grenzt an wissenschaftlich verbrämte Scharlatanerie.

‚Das Suchen nach Ordnung ist der Anfang der Wissenschaft!' – Das Suchen ist noch lange nicht zu Ende, ja man ist eher in der nullten Näherung als bei der Erklärung aller Phänomene durch eine Weltformel. Man möchte mit der Physik der Elementarteilchen die ganze Welt erklären. Dazu meint der Astrophysiker Benz [1]: *„Wir treffen damit wieder auf die Situation, dass bewusst oder unbewusst das naturwissenschaftlich Erfassbare, insbesondere das physikalisch Messbare als Schlüssel zur gesamten Wirklichkeit vorausgesetzt wird. Das ist eine unbewiesene, wahrscheinlich unbeweisbare und vielleicht falsche Vermutung."*

Initium sapientiae timor Domini[90]
Die Aussage des Psalmisten hat mir die Anregung zum Motto gegeben:
- Das Suchen nach Ordnung ist der Anfang der Wissenschaft!
- Das Suchen nach Sinn ist der Anfang der Philosophie und der Religion!
- Das Suchen nach Weisheit ist der Anfang der Demut!

Dabei sei es jedem selbst überlassen, ob er an Gott oder ein höheres Wesen glaubt. Aber Demut tut den Wissenschaftlern und den Philosophen gut, da ihr Wissen nur Stückwerk ist.

Der Mensch sucht nach Ordnung, und er sucht auch nach dem Sinn. – Was ist der Sinn des Lebens? – *„In der Frage nach dem Sinn versucht sich ein Individuum in etwas Grösseres einzuordnen".* Und Benz [1] gibt dazu drei Beispiele: Sinn in der Arbeit; Sinn als Geschenk, sei es in der Liebe von Mitmenschen oder von Gott; Sinn im Lebensplan, wobei ihnen ein göttliche oder mitmenschliche Aufgabe gestellt wurde. Auf Sinnfragen kann die Wissenschaft keine Antwort geben. Sie sind aber für die menschliche Existenz und das Zusammenleben wichtiger als wissenschaftliche Erklärungen. Gehören Antworten auf die Sinnfrage – stammen sie aus religiösen oder philosophischen Wertvorstellungen – ins Gebiet der Vermutung oder der Spekulation? – Gibt es den letzten Sinn? – Watzlawick zitiert in diesem Zusammenhang Laotse [40]: *„Der Sinn, den man ersinnen kann, ist nicht der ewige Sinn; der Name, den man nennen kann, ist nicht der ewige Name."* – Da wir weder die absolute Wahrheit, noch den letzten Sinn kennen, bleibt uns nichts anderes übrig, als sich mit relativen Wahrheiten

---

[90] Der Anfang der Weisheit ist die Furcht des Herrn (Ps 111,10).

zu begnügen. Nochmals Watzlawick: „*Die Fähigkeit, mit relativen Wahrheiten zu leben, mit Fragen, auf die es keine Antworten gibt, mit dem Wissen, nichts zu wissen, und mit den paradoxen Ungewissheiten der Existenz, dürfte dagegen das Wesen menschlicher Reife und der daraus folgenden Toleranz für andere sein.*" Und noch etwas genauer: Auch wenn wir den Sinn nicht kennen, können wir ethisch und verantwortungsvoll handeln. Und dies ist unser aller wichtigste Aufgabe im Leben.

Viele Zusammenhänge und Erkenntnisse kann man nur mit Beispielen oder Geschichten erzählen. In meiner Erzählung ‚Ich bin Spitze' beschreibe ich Ruth Hardick. Sie war früher Fernsehmoderatorin, brach dann ihre Karriere ab und ging als Entwicklungshelferin – zuerst bei einem Hilfswerk, nachher allein – nach Afrika. Bei einem Urlaub wurde sie zu einem Fernsehtalk eingeladen und man wollte wissen, warum sie das alles auf sich nehme. Hier das Ende dieser Erzählung[91]:

„*Wie aber wird dann ihre Arbeit finanziert? - Jemand muss doch bezahlen!*", warf nun der Moderator ein. „*Spenden sammelnde Organisationen müssen den Geldgeber nachweisen, dass sie ihr Geld zweckmässig einsetzten*", sagte, Ruth. „*Das ist sicher auch sinnvoll so. Es braucht dann Projekte, die überwacht werden können und von denen man berichten kann, was man erreicht hat. Wenn man zum Beispiel hundert neue Brunnen eingerichtet hat, dann ist das sinnvoll und eine Leistung, die man zeigen kann. Trotzdem will ich einen Weg gehen, bei dem man keine direkt zählbaren Resultate vorweisen kann. Erstaunlicherweise erhalte ich immer wieder genügend Geld, sodass ich die nächsten paar Tage oder Monate überleben kann. Oft krieg ich Geld von Touristen, auch schon hat mir ein Bischof etwas Geld geschickt und einige Geschäftsleute, die ich von früher her kenne, haben mich nicht ganz vergessen. Wahrscheinlich können sie das Geld, das sie mir schicken, nicht von der Steuer absetzen, da ich kein offizielles Hilfswerk bin; umso wertvoller ist aber eine solche Spende!*" – Nun wollte der Psychologe wissen, warum sie das tue, was ihre Motive seine. „*Ist das die Form der christlichen Nächstenliebe? - ‚Was ihr dem Geringsten meiner Brüder tut, das habt ihr mir getan! Geht ein in das himmlische Reich!' oder ist es etwas anderes?*"

---

[91] Otto Sager: Verführung zur Güte; Neun Erzählungen. Books on Demand, Nordenstedt 2008;ISBN-13: 9783837 026795

– Ruth meinte, das hätte für sie noch zu viel Zweckdenken. Ihr gefalle die andere Stelle in der Bibel besser: ‚Betrachtet die Lilien des Feldes, sie spinnen nicht und sie weben nicht. Nicht einmal Salomon in seiner ganzen Herrlichkeit war so gekleidet wie sie'. Sie müsse einfach da sein, das sei genug. „Liebe ohne Bedingungen", sagte der Psychologe. Und nach kurzem Nachdenken schloss der Moderator den Talk und sagte: „Das ist Spitze!"

Anhang

Fundamentale Konstanten

Lichtgeschwindigkeit im Vakuum	c	299 792 458 m/s (definiert)
Elementarladung	e	$1.602\ 176\ 565 \cdot 10^{-19}$ C
Elektronenmasse	m_e	$9.109\ 382\ 91 \cdot 10^{-31}$ kg
Plancksches Wirkungsquantum	h $\hbar = h/(2\pi)$	$6.626\ 069\ 57 \cdot 10^{-34}$ Js $1.054\ 571\ 726 \cdot 10^{-34}$ Js
Gravitationskonstante	G	$6.673\ 84 \cdot 10^{-11}$ kg/s^2

Eine Aufgabe zum Knobeln

Man versuche aus den drei fundamentalen Konstanten Lichtgeschwindigkeit c, Plancksches Wirkungsquantum h und der Gravitationskonstante G eine nur von diesen Konstanten abhängige Länge, eine nur von diesen Konstanten abhängige Zeit und eine nur von diesen Konstanten abhängige Masse herzuleiten. Nachher ist der Wert der so gefundenen Grössen zu berechnen.

Lösung
Jeder begabte Mittelschüler mit Freude am Knobeln wird nach einigem Probieren und Umstellen den Wert für die Planck-Länge, die Planck-Zeit und die Planck-Masse herausgefunden haben. Ob diese Grössen physikalisch einen Sinn machen, bleibe dahin gestellt.

Abgeleitete Konstanten

Planck-Länge	$l_{pl} = (\hbar \cdot G/c^3)^{-2}$	$4.13 \cdot 10^{-35}$ m
Planck-Masse	$m_{pl} = (\hbar \cdot c/G)^{-2}$	$5.56 \cdot 10^{-8}$ kg
Planck-Zeit	$t_{pl} = (G \cdot \hbar /c^5)^{-2}$	$1.38 \cdot 10^{-43}$ s
Feinstrukturkonstante	$\alpha = e^2/(\hbar \cdot c)$	1/137
Compton – Wellenlänge des Elektrons	$\Lambda_c = \hbar /(m_e \cdot c)$	$3.86 \cdot 10^{-13}$ m
Bohrsches Magneton	$\mu_B = e \cdot \hbar /(2 \cdot m_e)$	$9.274\,009\,68 \cdot 10^{-24}$ J/T
Kosmologische Konstante	$\Lambda = 8\pi G/c^4$	$2.0765\,04 \cdot 10^{-43}$ s²/(kg·m)
Klitzing-Konstante	$R_k = h/e^2$	25812,807 4434 Ω

Thermodynamische Konstanten

Boltzmann – Konstante	K	$1.380\,6488 \cdot 10^{-23}$ J/K
Absoluter Nullpunkt	T_0	0 K (= -273.15 °C) (definiert)

Basiseinheiten	Masseinheit	Definition
Länge l, x,y,z	Meter m	Länge der Strecke, die das Licht im Vakuum in 1/299 792 458 Sekunden zurücklegt (1/Lichtgeschwindigkeit im Vakuum)
Masse m	Kilogramm kg	Das Kilogramm ist gleich der Masse des internationalen Kilogrammprototyps.
Zeit t	Sekunde s	Das 9.192.631.770-fache der Periodendauer, der dem Übergang zwischen den beiden Hyperfein-strukturniveaus des Grundzustandes von Atomer des Caesiumisotops ^{133}Cs entsprechenden Strahlung.
Stromstärke I	Ampere A	Stärke eines konstanten elektrischen Stromes, der durch zwei geradlinige, unendlich lange und im Vakuum im Abstand von einem Meter voneinander angeordneten Leiter von vernachlässigbarem kleinem Querschnitt fliessend, zwischen diesen Leitern pro Meter Leiterlänge die Kraft von $2 \cdot 10^{-7}$ Newton hervorrufen würde.
Thermodynamische Temperatur T	Kelvin K	1/273.16 der thermodynamischen Temperatur des Tripelpunkts von Wasser genau definierter isopopischer Zusammensetzung.

Glossar/Stichwortverzeichnis

Alphateilchen
73

Beim radioaktiven Zerfall emittierte Heliumkerne.

Anthropisches Prinzip
71,152,162

Auffassung der Vertreter: Da Menschen existieren, müssen die Gesetze der Physik so geartet sein, dass es Leben geben kann.

Antiteilchen
77,90,160

Zu jedem Teichen gibt es ein Antiteilchen mit entgegengesetzter Ladung.

Agenten
98,103,107,109,114,126

Autonome, miteinander wechselwirkende Elemente eines komplexen Systems

Apfelmännchen
137

Visualisierung der Mandelbrot-Menge. Dabei entstehen bei der Darstellung auf dem Computer schöne Gebilde [Wi].

Äquivalenzprinzip
24,62,171

Die Wirkung einer Beschleunigung kann nicht von der Wirkung der Schwerkraft unterschieden werden.

Attraktor
126,200

Begriff aus der Theorie dynamischer Systeme. Besitzt ein System einen Attraktor, so bewegt es sich auf einen stabilen Zustand hin [Wi].

Austauschteilchen
45,47,52,55,81,83,161

Sammelname für die virtuellen Teilchen W, Z, Photon und Gluon mit Spin 1. Ihr Austausch beschreibt die Reaktionen der Materieteilchen miteinander.

Bifurkation
133

Aufspaltung einer mathematischen Funktion bei einem kritischen Wert in zwei Zweige (vgl. Logistische Gleichung).

Boson
42,49,54,55,56,57,81,83,107,191,192

Teilchen mit ganzzahligem Spin.

Bran
33,84

Ausgedehnte Objekte, wie sie in der Stringtheorie vorkommen. Sie können bis zu elf Dimensionen haben.

Compton-Effekt
198

Änderung der Wellenlänge einer elektromagnetischen Welle bei Streuung an freien Elektronen.

Cooper-Paar
50,107

Gebundener Zustand zweier Elektronen mit entgegengesetztem Impuls und Spin in Supraleitern. Sie agieren in diesem Zustand wie ein Boson und haben keine Wechselwirkung mit den Gitteratomen.

Dekohärenz
92,94,95,96,100,103,104,106
108,114,122,123,130

Irreversible Entstehung klassischer Eigenschaften aus den Quanteneigenschaften eines Systems bei der Wechselwirkung mit der Umgebung.

Deterministisches Chaos
123

Phänomen, bei dem beliebig kleine Störungen in den Anfangsbedingungen zu unregelmässigem und unvorhersehbarem Verhalten führt, obwohl die physikalischen Gesetze genau bekannt sind.

DNA (DNS)
11,129,139,145,146,149

Die Desoxyribonuklieinsäure ist ein Biomolekül und Träger der Erbinformation (Gene). Sie hat die Form einer Doppelhelix [Wi].

Doppelspaltexperiment
18,25,47,48,74,76,82,87,90
92,93,106,140

Grundlegender Versuch der Quantenphysik, bei dem ein quantenmechanisches Objekt beim Durchgang durch zwei Spalten mit sich selber interferiert.

Dunkle Energie
42,46,61,63,65,67,68,83,161
175,176,177

Eine bislang nur theoretisch postulierte Form von Energie, mit der die beschleunigte Ausdehnung des Universums erklärt werden soll.

Dunkle Materie
42,65,67,68,83.161,176,177

Materie in Galaxien und Galaxienhaufen, die nicht direkt beobachtet werden kann, aber durch ihre Gravitationswirkung nachweisbar ist.

Einstein-Welt
19,24,32,38,45,65,118,142

Effekte im Kosmos, die nur beobachtet, nicht aber durch Experimente verifiziert werden können.

Elektron
26,37,38,47,49,57,70,74,76
82,90,105,107,116,118,134
153

Elementares Fermion mit negativer Elementarladung.

Emergenz
28,100,103,104,107,113,116
119,121,122,126

Eigenschaften eines Systems, die seine Einzelteile nicht besitzen und erst durch das Zusammenwirken dieser Teile (Agenten) entstehen.

Energieerhaltung 24,27,74,76,111	Das Naturgesetz, nach dem Energie (oder die ihr äquivalente Masse) weder erschaffen noch vernichtet werden kann.
Entropie 24,89,103,104,108,111,115 133,159,190	Ein Mass für die Unordnung eines physikalischen Systems.
Ereignis 165,167,168	Ein Punkt in der Raumzeit. Ereignisse sind durch Angabe eines Ortes und eines Zeitpunkts definiert.
Erfahrungs-Welt 18,23,28,87,121,123,161,189	Erfahrungs- oder Alltagswelt ist die komplexe Umwelt des täglichen Lebens.
Falsifizierung 11,35,114,119,153ff,174,186 191	Gemäss Popper ist eine Theorie solange nützlich, als sie nicht durch Experimente falsifiziert (widerlegt) wurde.
Feinstruktur 42,198,199	Aufspaltung von Spektrallinien durch die Kopplung von Spin und Bahndrehimpuls. Feinstrukturkonstante.
Fermion 49	Teilchen mit halbzahligem Spin.
Feynman-Diagramm 50,51,91	Anschauliches, von R. Feynman eingeführtes Diagramm, mit der die Wechselwirkung von Teilchen dargestellt wird.
Fraktal 136,137,139,140	Objekt mit gebrochener Dimension (vgl. Selbstähnlichkeit).
Fullerene 48,106,140	Sind sphärische Kohlenstoffmoleküle, welche meistens aus 60 Atomen bestehen, welche ähnlich wie ein Fussball angeordnet sind (Zeilinger führte mit ihnen Doppelspaltexperimente durch).
Geodäte 173	Ist die kürzeste Verbindung zweier Punkte. Im Euklidschen Raum sind Geodäten Geraden. Auf Kugeloberflächen oder in der Allgemeinen Relativitätstheorie sind dies andere Verbindungslinien.
Gluon 27,45,52,54,81,200	Austauschteilchen der starken Wechselwirkung.

Gödelsche Unvollständigkeitssatz
31,156,158

In einem axiomatischen System gibt es immer Aussagen, von denen man aufgrund der Axiome nicht sagen kann, ob sie ‚wahr' oder ‚falsch' sind.

Gravitation
18,22,33,35ff,40,42,46,59
62ff,68,83,89,91,94,108,118
143,166,170ff,177

Die Anziehungskraft, die zwischen massereichen Körpern herrscht. Sie wird durch die Allgemeine Relativitätstheorie von Einstein mathematisch beschrieben.

Gravitationswelle
68,143,161,174

Eine wellenartige Störung in einem Gravitationsfeld

Grosse vereinheitlichte Theorie
32,59

Eine noch nicht mathematisch formulierte Theorie, welche die Beschreibung der elektromagnetischen, der starken und der schwachen Wechselwirkung in einem einzigen theoretischen Rahmen vereinigt.

Hadronen
16,56,88,105

Einzeln auftretende Teilchen, die im Innern eine Struktur besitzen. Beispiele sind Protonen und Neutronen, die aus drei Quarks aufgebaut sind.

Hall-Effekt
41,92,116,117

Effekt, bei dem quer zum Stromfluss eine Spannung gemessen werden kann, wenn senkrecht zum Leiter ein Magnetfeld vorhanden ist.

Hawking-Strahlung
83

Von Hawking postulierte Theorie zur Strahlung schwarzer Löcher. Aufgrund von Vakuumfluktuationen könnte ein Teil eines Elektron-Positron-Paares dem schwarzen Loch entweichen, wodurch dieses langsam ‚verdampfen' könnte.

Heisenberg-Welt
18,25,27,32,36,45,74,92,113
114,122

In der Quantenphysik bestimmt der gewählte Aufbau der Messapparatur die gemessenen Resultate.

Higgs-Teilchen
46,56,68,75,178,191

Bisher noch nicht sicher entdecktes Teilchen, mit dessen Hilfe der Wert der verschiedenen Teilchenmassen erklärt werden könnte.

Hubble-Konstante
68

Parameter, welcher die Expansionsrate des Universums beschreibt. Die Geschwindigkeit einer sich entfernenden Galaxie ist proportional zum Abstand, multipliziert mit der Hubble-Konstanten.

Inflation 34.67,70	Hypothese, dass sich das frühe Universum in einem kurzen Zeitraum beschleunigt expandierte.
Interferenzmuster 48,89,106,140	Wellenmuster, das sich ergibt, wenn sich Wellen, die von verschiedenen Orten aus emittiert wurden, überlagern.
Kausalität 21,23,25,104ff,109,130,159 165,167,171,177	Jede Wirkung hat eine oder mehrere Ursachen. Dies gilt aber in der Quantenphysik nicht mehr im strengen Sinne.
Komplementarität 26	Zusammengehörigkeit scheinbar widersprüchlicher Eigenschaften eines Objekts. In der Quantenmechanik wichtiger Begriff (Welle-Teilchen-Dualismus; Ort und Impuls Unschärfe).
Komplexität 10,11,17,23,28,105,119,125ff 128ff,133,135ff,180,190	Eigenschaften von Systemen und Modellen, deren Gesamtverhalten man nicht aus den Eigenschaften der Komponenten (Elementen) ableiten kann.
Kosmologische Hintergrundstrahlung 64,67,68,95,192	Die Strahlung des frühen Universums, welche im Mikrowellenbereich beobachtet werden kann.
Kosmologische Konstante 63,65,177,198	Parameter in Einsteins Allgemeiner Relativitätstheorie, der der Raumzeit eine inhärente Expansionstendenz verleiht.
Kosmologisches Prinzip 25,171	Universum sieht für jeden Beobachter gleich aus, wo immer er sich befindet.
LEP 55	Large Electron Proton Collider; Beschleuniger am CERN, mit dem W- und Z-Bosonen nachgewiesen wurden.
Leptonen 45,55,77,161	Sammelname für Elektron und Neutrinos, sowie deren Antiteilchen.
LHC 16,56,88,105	Large Hadron Collider; grösster Beschleuniger am CERN, mit dem das Higgs-Teilchen vermutlich nachgewiesen wurde.

Lichtelektrischer Effekt 38,50,90	Auch photoelektrischer Effekt genannt. Auslösung von Elektronen aus mit Licht bestrahlten Metalloberflächen.
Logistische Abbildung Logistische Gleichung 131,132,137	Modell für die Dynamik von Populationen. Die zugrunde liegende logistische Gleichung $x_{n+1} = r\, x_n\, (1-x_n)$ führt ab bestimmten Werten von r zur Bifurkation und bei noch grösseren Werten zu einem deterministischen Chaos.
Lokalisierung 26,104ff,130,145,171,177	Im Gegensatz zur Quantenphysik, bei denen man für Teilchen keine Ortsangabe machen kann (vgl. Ununterscheidbarkeit) kann nach dem Übergang zur klassischen Physik (vgl. Dekohärenz) der Ort der Gegenstände genau angegeben werden.
M – Theorie Multiversum 34,64,68,96,154,162	Theorie, die die verschiedenen Stringtheorien in einem übergeordneten Rahmen vereinigt. Danach wären verschiedene Universen möglich.
Matrizenmechanik 48,154	Formalismus der Quantenmechanik, der den Teilchenaspekt in den Vordergrund stellt.
Maxwellscher Dämon 100	Von Maxwell beschriebenes Gedankenexperiment, mit dem er den Entropiesatz in Frage stellte.
Maxwell-Gleichungen 18,35,37,50,89,153,167,172 174	Mathematische Formulierung der Gesetze, welche die Eigenschaften von Elektrizität, Magnetismus und Licht beschreiben.
Meson 54,160,161	Elementarteilchen, das aus einem Quark und Antiquark besteht.
Molekülwolken 69,116	Gebiete in den Galaxien; darin entstehen gemäss Theorie neue Sterne und Planeten.
Morphologie 9,44,46,59	Von Zwicky entwickelte Idee zum systematischen Vorgehen zur Lösung anspruchsvoller Probleme. Der morphologische Kasten wird auch als Methode zur Kreativitätsförderung verwendet.
Nanotechnologie 10,16,119,139,140	Sammelbegriff für verschiedene Forschungsgebiete, die sich mit Gebilden von 10 bis 100 Nanometern befassen.

Neuronen 180,182	Nervenzellen.
Neutrino 54ff,73ff,77ff,81,84,88,105 125,143	Ladungslose Teilchenart (Fermion), das nur der schwachen Wechselwirkung unterliegt und sehr schwach mit Materie reagiert.
Neutron 45,51,53,67,76,82	Elektrisch neutrales Fermion. Bestandteil des Atomkerns.
Newtonsche Axiome 18,35ff,50,114	Von Newton formulierte Grundsätze der Bewegung. Sie bilden das Fundament der klassischen Mechanik.
Newton-Welt 17ff,23,25,32,35ff,45,73,87 91ff,96,106,113ff,118,123	Bei Experimenten in der Newton-Welt bewirkt die Messapparatur nur eine kleine Störung, so dass Messungen innerhalb kleiner Fehlergrenzen exakt sind. Dies gilt für die klassische Physik.
Nichtlinearität 122,123,125,126	Ursache und Wirkung stehen nicht in einem einfachen (linearen) Zusammenhang. Nichtlinearität ist die Voraussetzung für chaotisches und komplexes Verhalten.
Paradigmawechsel 9,10,22,115,121,148,153,154 157	Von T.S. Kuhn gebrauchter Begriff. Paradigmen sind Denkhaltungen und Lehrmeinungen. Werden diese überholt, dann erfolgt ein Paradigmawechsel.
Parität 76	Symmetrieeigenschaft eines physikalischen Systems, die das Verhalten gegenüber Spiegelungen beschreibt.
Pauli-Prinzip 49,52,81,83,107,144	Prinzip, wonach sich zwei Fermionen nie im gleichen Zustand befinden können.
Pfadintegral 90,91,94,159	Von Feynman benutzte Methode um die Experimente der Quantenphysik zu erklären (Quantenelektrodynamik).
Photon 38,45,47,49ff,75,77,79,80,90 92,94,102,107,161	Teilchen mit Spin 1, das mit dem elektromagnetischen Feld verknüpft ist. Ein Lichtquant, das die Teilchennatur des Lichtes repräsentiert.

Plancksches Wirkungsquantum 38,41,42,49,92,177,197	Eckpfeiler der Unschärferelation. Das Produkt der Unschärfe in Position und Impuls muss grösser als das Plancksche Wirkungsquantum sein.
Plasma 75,125,145	Zustand der Materie, bei dem die Elektronen von den Atomkernen getrennt sind. Dies geschieht z. B. bei sehr hohen Temperaturen oder bei Gasentladungen.
Potenzgesetze 131,136	In der Statistik und Chaostheorie Ausdruck der Skaleninvarianz vieler natürlicher Phänomene.
Positivismus 152,153	Richtung der Philosophie, die fordert, Erkenntnisse auf die Interpretation von positiven Befunden zu beschränken, also solchen, welche durch Experimente bestätigt wurden [Wi].
Positron 55,70,76,182	Positiv geladenes Antiteilchen des Elektrons.
Proton 45,51,53,76,82,108	Positiv geladenes Fermion. Bestandteil des Atomkerns.
Quantenchromodynamik QCD; 39,51ff,59,84	Theorie der Starken Wechselwirkung farbiger Quarks und Gluonen.
Quantenelektrodynamik QED; 39 ,49ff,59,79,90,91 92,101,137	Relativistische Quantenfeldtheorie zur Beschreibung der Wechselwirkung von Photonen mit geladenen Teilchen.
Quantenflavordynamik QFD; 39,54ff,59,74,84	Theorie der Wechselwirkung der Quarks mit W- und Z- Bosonen. (Radioaktiver Zerfall)
Quark 27,45,51ff,54,55,81ff,117	Ein geladenes Elementarteilchen, das mit anderen Quarks der starken Wechselwirkung unterliegt. Protonen und Neutronen bestehen aus je drei Quarks.
Radioaktivität 26,45,54,73,74,83,105	Vorgang, bei dem sich Atome durch Aussendung von Stahlen verändern. Meist entstehen dadurch leichtere, stabilere Sterne. Die ausgesandten Strahlen können sehr energiereich sein.
Raumzeit 24,33,64,108,118,164,167 172ff,175,176	Der vierdimensionale Raum in Einsteins Allgemeiner Relativitätstheorie, wobei die Zeit die vierte Dimension ist. Sie stellt die Beziehung zwischen den Massen dar.

Realismus, wissenschaftlicher
151ff,154,161,183

Von Planck geforderte Weltsicht, die davon ausgeht, dass es eine reale Aussenwelt gibt, von der wir durch physikalische Theorien und Experimente objektive Kenntnis erhalten können.

Relationalismus
175

Danach kommt der Raumzeit keine eigene Substanz zu. Die Raumzeit kann nicht ‚an sich' existieren sondern wird durch die Massen erzeugt.

Relativitätstheorie
18,19,22,24,31,33,37,57,62
88,91.95,108,118,153,156
158.164,166,170ff,177,190

Theorie über das Verhalten von Raum und Zeit, sowie mit dem Wesen der Gravitation [Wi].

Renormierung
50,177

Verfahren, bei dem unendliche ‚Beobachtungsgrössen' dadurch endlich gemacht werden, dass die Unendlichkeiten auf unbeobachtbare Parameter hinübergewälzt werden. Dieses mathematische Verfahren spielt bei der Entwicklung der Quantenelektrodynamik eine wichtige Rolle.

Schrödinger Gleichung
90,91,93ff,114,133,154,159
191,102

Grundlegende Gleichung der nichtrelativistischen Quantentheorie, welche die Zeitentwicklung von Wellenfunktionen beschreibt.

Schrödingers Katze
12,26,52ff,93

Von Schrödinger ersonnenes Gedankenexperiment, das den Widerspruch zwischen makroskopischer Quantensuperposition und der Realität demonstrieren soll.

Schwarzes Loch
67,68,83,151,174

Region der Raumzeit, aus der nichts, nicht einmal Licht, entweichen kann, weil die Gravitation zu stark ist.

Selbstähnlichkeit
136,137

Eigenschaft von Objekten, die auf verschiedenen Längen- oder Zeitskalen ein ähnliches Muster bilden.

Selbstorganisation
117,119,120,126

Durch Interaktion von Teilen eines Gesamtsystems entstehen ‚von selbst' und ohne äusseres Dazutun Muster oder Strukturen, die neuen Ordnungsprinzipien unterliegen.

Skaleninvarianz
131,136

Invarianz gegenüber einem Wechsel der Beobachterskala.

Spektroskopie 83,118	Analyse des Lichts, bei dem es in einzelne Wellenlängen zerlegt wird. Dadurch kann auf das Vorhandensein von chemischen Elementen in der Lichtquelle geschlossen werden.
Spiel des Lebens 119,138	Mathematisches Spiel (zellulärer Automat) mit dem die Entstehung komplexer Strukturen simuliert werden kann.
Spin 27,49,51,77	Eigendrehimpuls eines Teilchens. Man unterscheidet halbzahligen und ganzzahligen Spin.
Sputtering 15	Kathodenzerstäubung; Methode zur Herstellung Dünner Schichten; In Gasentladungen können Ionen auf eine negativ geladene Platte beschleunigt werden Beim Stoss mit den Atomen auf der Oberfläche können diese herausgeschlagen werden.
Stringtheorie 33,46,84,96,113,119,192	Theorie, in der die Teilchen als Schwingungszustände beschrieben werden. Sie ist der Versuch, die Quantenmechanik mit der Allgemeinen Relativitätstheorie zu vereinigen.
Substanzialismus 175,176	Philosophische Ansicht, dass der Raumzeit eine von der Materie unabhängige Existenz zukommt.
Supernova 62	Die katastrophale Explosion eines Sterns, dem sein Brennmaterial (Wasserstoff) ausgegangen ist.
Superpositionsprinzip 26,27,74,85,92	Prinzip, nachdem ein quantenmechanisches System mit mehreren Teilchen eine gemeinsame Wellenfunktion besitzt.
Supraleitung 56,104,117,118	Sprunghafter Verlust des elektrischen Widerstands einiger Materialien unterhalb einer gewissen Temperatur.
Technik-Welt 23,28,122	Bauwerke und Apparaturen, die unter Berücksichtigung der klassischen Physik erstellt wurden und die im Alltag genutzt werden können.
Transaktionsanalyse 186	Kommunikationstheorie zwischen Menschen (Eltern-Ich, Erwachsenen-Ich, Kindheits-Ich).

Tunneleffekt 106,140	In der Quantentheorie möglicher Durchgang eines Teilchens durch einen Potenzialwall, wobei die kinetische Energie des Teilchens kleiner als die Höhe des Walls ist.
Unbestimmtheitsrelation Unschärferelation 18,26,56,93,190	Das von Heisenberg formulierte Prinzip, nachdem sich der Ort und die Geschwindigkeit eines Teilchens nicht gleichzeitig exakt bestimmen lassen.
Ununterscheidbarkeit 104,107	In der Quantenphysik können Teilchen nicht voneinander unterschieden werden. Vertauscht man zwei Teilchen, so hat man immer noch den gleichen quantenphysikalischen Zustand.
Urknall 11,25,33,42,63ff,67ff,70,71 83,108,130,175,177,192	Die Singularität zu Beginn des Universums vor rund vierzehn Milliarden Jahren.
Vakuumfluktuationen 68,70	Bei Vakuumfluktuationen (Quanten- oder Nullpunktfluktuationen) entstehen Teilchen-Antiteilchen-Paare aus dem Vakuum (aus dem Nichts), die rasch wieder zerfallen. Es sind virtuelle Teilchen und ein direkter experimenteller Nachweis ist nicht möglich.
Verschränkung 26,77	Bei Verschränkung kann der Quantenzustand eines zusammengesetzten Systems nicht als Produkt der Quantenzustände der Teilsysteme ausgedrückt werden.
Viele-Welten-Theorie 93,113,155,162,191	Interpretationsansatz der Quantenmechanik. Damit soll der Schrödinger-Gleichung möglichst universelle Gültigkeit zukommen.
Virtuelle Teilchen 46,49,79,90,94,102	Teilchen, die nicht direkt nachgewiesen werden können, deren Vorhandensein aber indirekt messbare Effekte haben können.
Wasserstoff 69,75	Einfachstes und häufigstes Element im Universum, bestehend aus einem Proton und einem Elektron.
Wellenfunktion 26,74,93,102,155	Funktion, die in der Quantentheorie den Zustand eines Systems beschreibt. Ihre Zeitentwicklung wird von der Schrödinger-Gleichung beschrieben.

Welle-Teilchen-Dualismus 25,90,93,	Quantenphysikalisches Konzept, nachdem Materie sowohl Teilchen- als auch Welleneigenschaften hat.
Wirkungsquantum 38,40,41,42,49,92,177,197	Universelle Naturkonstante, die mit der Quantentheorie verknüpft ist.
Wurmloch 33	Dünne Röhre in der Raumzeit, die weit entfernte Regionen des Universums verbindet. Daraus resultiert die Vorstellung, es könnten Zeitreisen möglich sein.
Zellulärer Automat 137,138	Mathematisches Modell, in denen die wechselwirkenden Einzelelemente eines Systems durch Zellen ersetzt werden. Diese Zellen können diskrete Werte annehmen (z. B. 0 und 1). Dabei legen einfache Regeln fest, wie diese Werte in jedem Zeitschritt geändert werden.

Wir alle sind Nutzniesser des wissenschaftlichen Fortschritts. Doch wie entsteht wissenschaftlicher Fortschritt? – Sind es einzelne hochbegabte Männer und Frauen, welche für den Fortschritt verantwortlich sind? – Wir kennen Namen wie Galilei, Newton, Marie Curie oder Einstein, die Grosses geleistet haben und heute Kultstatus besitzen. Doch sie konnten diese Leistungen nur erbringen, weil viele andere, meist unbekannte Menschen, enorme Vorarbeit geleistet haben. Die Zeit musste reif sein, und sie wurde reif, weil neue technische Möglichkeiten vorhanden waren, mit denen alte Vorstellungen über Bord geworfen werden konnten und so neuen Platz machten. Galilei konnte die Jupitermonde nur entdecken, weil die Kunst des Linsenschleifens damals einen hohen Stand erreicht hatte. Davon erzählt dieses Buch. – Aber wo sind die Grenzen des Wissens? – Gibt es eines Tages die Weltformel, mit der man alles erklären kann, oder bleibt unser Wissen Stückwerk?

(Otto Sager: ‚Werkzeuge und Denkzeuge'; ‚Wissenschaftlicher Fortschritt aufgrund handwerklicher und technischer Entwicklungen'. Neuauflage unter dem Titel: ‚Technik als Motor des wissenschaftlichen Fortschritts'; ‚Zur Geschichte der Naturwissenschaften'. [31]).

Personenverzeichnis

Abbot E.A. 164
Aristoteles 21,25,71,86,100,165,185
Avery O. 145

Bardeen J. 14
Becquerel H. 54,73
Beisbart C. 166
Beloussov B. 133
Benz A. 193
Berner-Lee T. 56
Binnig G. 16
Bohm D. 93,156,191
Bohr N. 9,23,49,74,84,107,144,191
Boltzmann L. 39,89,114,116,159
Born M. 181
Brattein W. 14
Brown R. 89,90,103

Carnot S. 111
Carrier M. 165, 175,176
Clausius R. 111
Conoway J. 138
Coulomb Ch. 18, 35ff,43
Cowan C. 76
Curie M. und P. 54,73,131,211

De Bono E. 81
De Broglie L. 90
Demokrit 85
Descartes R. 88
Dirac P. 22,90,191
Du Bois-Reymond E.H. 93
Dürrenmatt F. 14,59

Edison Th. 110,121,148
Einstein A. 14,18,19,24,31,32ff, 38,45,46,57ff,62ff,80,88,90,91,108, 118,121,142, 154,158,164ff,174ff, 190,191
Epikur 85,86
Esfeld M. 22,175
Euklid 30,158,202

Faraday M. 89
Fermi E. 49,75,76
Feynman R. 9,27,30,31,42,48,50ff, 90ff,95,101, 137,139,158,159
Fritzsch H. 52,59,91

Galen C. 86
Galilei G. 9,18,22,24,62,71,86,88, 152,167,185,211
Gell-Mann M. 51
Genz H. 43,45,157,158,160
Gibbs J. 89
Gödel K. 31,158
Grossmann M. 31
Goethe J. W. 60,134,162,180
Gutenberg J. 147

Haroche S. 92
Hawking St. 32,70,138,154,174,183
Hegel G. 152
Heidegger M. 152
Heisenberg W. 18,22,25,32,48,49, 53,56,57,84,90,113,154,157,159, 180,190,191
Higgs P. 46,56,75,78,178,191
Hilbert D. 30
Hubble E. 64,68
Hund E. 180
Huygens Ch. 89

Josephson B. 218

Kant I. 152,155,166
Karplus M. 191
Kiefer C. 93
Klitzing K. 41,198
Kolumbus Ch. 32
Kopernikus N. 61,86,147
Kuhlmann N. 90
Kuhn Th. 10,112,148,153,154,157

Laplace P. 31,89,94,114
LaughlinR.110,112,113,114,116ff,
120,155,159177,190
Leavitt H. 143
Leibniz G. W. 89,165ff,176
Lemaître G. 63
Leonardo da Vinci 185
Leukipp 85
Levitt M. 191
Linné C. 144,189
Lorentz H. 18,37,117

Mach E. 89,94,115,152ff,157,161
165,166,170,186
Marx K. 43,110
Maxwell J. 50,89,100,159,167,190
Mendel G. 144,145
Mendelejew D. 144
Meyer L. 144
Milikan R. 37,38

Newton I. 22,25,26,35,59,62,88,89
116,162,165ff,170,176,178,180,
181,190

Ockham W. 63,157
Ostwald W. 89,114ff

Pauli W. 19,23,34,49,52,74ff
81,83,84,107,120,144,191
Pauling L. 38,143
Penzia A. 64
Planck M. 90,151,152,153,
161,183,186
Platon 100
Poincaré H. 125
Popper K. 10,53,153,154,157,
186,191
Precht R. 21,64,71,181,182,
183,187
Ptolemäus 86
Pythagoras 30

Reagan R. 20
Reines F. 76
Riess A. 62
Rohrer H. 16

Scheibe E. 22,152,180
Scherrer P. 129
Schmidt B. 62
Shockley W. 14
Singh S. 30,143,172
Sokrates 100,189
Sommerfeld A. 42,115

Tesla N. 148
Thomas von Aquin 21,63

Unzicker A. 33,50,88

Vasco da Gama 32

Warshel A. 192
Watson J. 149
Watt J. 110,114

Watzlawick P. 23,164,172,183,
184,191,193,194
Wheeler J. 172
Wilson R. 64
Wittgenstein L. 183

Zeh H. 96
Zeilinger A. 48,94,140,160,161
Zenon von Elea 100,130
Zwicky F. 9,15,44,46

Literaturverzeichnis

[1] Benz A.   Das geschenkte Universum. Ostfildern: Patmos 1997

[2] Close F.   Neutrino. Springer Spektrum. Berlin, Heidelberg: Springer 2012

[3] De Bono E.   Laterales Denken für Führungskräfte. Reinbek: Rowohlt 1971

[4] Dürrenmatt F.   Die Physiker. Zürich: Diogenes 1985

[5] Eckhardt B.   Chaos. Frankfurt am Main: Fischer 2004

[6] Enz C.P.   Pauli hat gesagt. Zürich: NZZ 2005

[7] Esfeld M. (Hrsg)   Philosophie der Physik. Berlin: Suhrkamp Taschenbuch Wissenschaft 2012

[8] Feynman R.P.   Vom Wesen physikalischer Gesetze. München: Piper 1990

[9] Feynman R.P.   QED Die seltsame Theorie des Lichts und der Materie. München: Piper 1988

[10] Fritzsch H.   Das absolut Unveränderliche. München, Zürich: Piper 2005

[11] Genz H.   Elementarteilchen. Frankfurt a. Main: Fischer Taschenbuch 2003

[12] Genz H.   Wie die Naturgesetze Wirklichkeit schaffen. Reinbeck bei Hamburg: Rowohlt Taschenbuchverlag 2004

[13] Hawking St.   Das Universum in der Nussschale. Deutsch. Taschenbuchverlag 2001

[14] Hawking St., Mlodinow L.   Der grosse Entwurf. Reinbeck bei Hamburg: Rowohlt 2010

[15] Harris Th.A.   Ich bin o.k. Du bist o.k. Reinbeck bei Hamburg: Rowohlt 1973

[16] Heisenberg W.   Der Teil und das Ganze. München: Piper 1969

[17]	Hüfner J., Löhken R.	Physik ohne Ende. Weinheim: Wiley 2010
[18]	Kiefer C.	Quantentheorie. Frankfurt a. Main: Fischer Taschenbuch 2003
[19]	Klatzmann J.	Jüdischer Witz und Humor. München: Beck 2011
[20]	Kuhn T.S.	Die Struktur wissenschaftlicher Revolutionen. Frankfurt a. Main: Suhrkamp Taschenbuch 1976
[21]	Laughlin R.B.	Abschied von der Weltformel. München: Piper 2007
[22]	Mücklich A.	Das verständliche Universum. Norderstedt: Books an Demand 2011
[23]	Oesterreicher M. (Hrsg.)	Higlights aus der Nano-Welt. Freiburg i. Br.: Herder Spektrum 2006
[24]	Pauldrach A.W.A.	Dunkle kosmische Energie. Heidelberg: Spektrum 2010
[25]	Pauling L.	Chemie; Eine Einführung. Weinheim/Bergstr.: Verlag Chemie 1958
[27]	Precht R.D.	Wer bin ich und wenn ja, wie viele? München: Goldmann 2007
[26]	Precht R.D	Warum gibt es alles und nicht nichts? München: Goldmann 2011
[28]	Prigogine I., Strengers I.	Das Paradox der Zeit. München: Piper 1993
[29]	Richter K., Rost J.M.	Komplexe Systeme. Frankfurt a. Main: Fischer Taschenbuch 2002
[30]	Rössler W.	Eine kleine Nachtphysik. Reinbeck bei Hanburg: Rowohlt 2009
[31]	Sager O.	Werkzeuge und Denkzeuge. Norderstedt: Books an Demand 2011; Neuauflage 2014: Technik als Motor des wissenschaftlichen Fortschritts.

[32]	Sambursky S.	Der Weg der Physik: Texte von Anaximander bis Pauli. Zürich: Artemis 1975
[33]	Scheibe E.	Die Philosophie der Physiker. München: Beck 2006
[34]	Simonyi K.	Kulturgeschichte der Physik. Leipzig, Jena, Berlin: Urania 1990
[35]	Singh S.	Big Bang. München: Hanser 2005
[36]	Singh S.	Fermats letzter Satz. München: Deutscher Taschenbuchverlag 2010
[37]	Unziker A.	Vom Urknall zum Durchknall. Berlin, Heidelberg: Springer 2010
[38]	Unziker A.	Auf dem Holzweg durchs Universum. München: Hanser 2012
[39]	Watzlawick P.	Anleitung zum Unglücklichsein. München: Piper 1983
[40]	Watzlawick P.	Wie wirklich ist die Wirklichkeit? München: Piper 1984
[41]	Widmer H.	Das Modell des konsequenten Humanismus. Zürich rüffer & ruf 2013
[42]	Zeh H. D.	Physik ohne Realität: Tiefsinn oder Wahnsinn? Berlin: Springer 2012
[43]	Zeilinger A.	Einsteins Schleier. München: Goldmann 2005
[44]	Zwicky F.	Jeder ein Genie. Bern: H. Lang 1972

[Wi] Wikipedia, das Lexikon im Internet

Otto Sager

Technik als Motor des wissenschaftlichen Fortschritts

Zur Geschichte der Naturwissenschaften

© 2014 Otto Sager
Herstellung und Verlag: Books on Demand GmbH, Norderstedt

Titel der Originalausgabe:
Werkzeuge und Denkzeuge

Inhalt

1 Weltbilder und Denkmuster
Das naive Bild von der Wissenschaft - Werkzeuge und Denkvermögen - Priester und Philosophen - Revolutionen und Paradigmawechsel - Mathematik und Physik - Grundvoraussetzungen für wissenschaftlichen Fortschritt

2 Handwerklich-technische Entwicklungen
Von Euklid bis Leonardo da Vinci - Metallbearbeitung - Glasbearbeitung - Fotografische Technik - Licht- und Wärmequellen - Agrotechnik

3 Verfahrenstechnik
Dampfmaschinen - Chemische Verfahrenstechnik – Kältetechnik - Hochvakuumtechnik - Kristallziehen und Zonenschmelzen

4 Automation und Kommunikation
Automaten – Fernmeldetechnik - Computertechnik

5 Trade-off – Technologien
Die S-Kurve - Die Trade-offs der Energietechnik – Nanotechnologie - Genomik

6 Denkzeuge
Wo und wann braucht es Management? - Projektmanagement - Projektfinanzierung - Center of Excellence - Management komplexer Systeme

7 Wissenschaftlicher Fortschritt und Grenzen
Grenzen erweitern – Grenzen respektieren – Gesetzmässigkeiten - Babylonische Wissenschaften - Fortschrittsglaube

www.ingramcontent.com/pod-product-compliance
Lightning Source LLC
Chambersburg PA
CBHW071207240526
45470CB00018B/1528